勒让德曲线与标架曲线的微分几何

于海鸥 / 著

吉林大学出版社

· 长春 ·

图书在版编目（CIP）数据

勒让德曲线与标架曲线的微分几何 / 于海鸥著.
--长春：吉林大学出版社, 2023.10
ISBN 978-7-5768-2804-7

Ⅰ. ①勒… Ⅱ. ①于… Ⅲ. ①微分几何—研究
Ⅳ. ①O186.1

中国国家版本馆CIP数据核字(2023)第249970号

书　　名：勒让德曲线与标架曲线的微分几何
LERANGDE QUXIAN YU BIAOJIA QUXIAN DE WEIFEN JIHE

作　　者：于海鸥
策划编辑：黄国彬
责任编辑：甄志忠
责任校对：孙宇辛
装帧设计：刘　丹
出版发行：吉林大学出版社
社　　址：长春市人民大街4059号
邮政编码：130021
发行电话：0431-89580036/58
网　　址：http://www.jlup.com.cn
电子邮箱：jldxcbs@sina.com
印　　刷：天津鑫恒彩印刷有限公司
开　　本：787mm × 1092mm　1/16
印　　张：6.25
字　　数：120千字
版　　次：2024年3月　第1版
印　　次：2024年3月　第1次
书　　号：ISBN 978-7-5768-2804-7
定　　价：48.00元

版权所有　翻印必究

前　言

本书主要研究了欧氏空间中带有奇点的曲线的微分几何性质.2012 年,数学工作者 Takahashi 与 Fukunaka 提出了欧氏平面单位切丛上的勒让德曲线的概念,解决了在平面曲线的奇点处建立标架的问题.我们将这个方法应用在了球面曲线和空间曲线上,着重研究了球面勒让德曲线以及标架空间曲线的一些几何性质.同时,本书给出了单位球丛上的单参数勒让德曲线族以及欧氏空间中的单参数标架曲线族的定义,研究了它们的包络线、平行曲线以及渐缩线的性质.作为应用,我们分别对欧氏平面单位切丛上的勒让德曲线族、单位球面单位球丛上的球面勒让德曲线族以及标架空间曲线族之间的关系进行了探讨.

我们知道,曲线的活动标架对于研究曲线的局部微分几何性质非常有用.如果曲线存在奇点,那么在奇点处就不能建立活动标架,但是我们可以建立欧氏空间中勒让德曲线和标架曲线的活动标架,从而可以研究曲线在奇点处的一些几何性质.事实上,勒让德曲线和标架曲线是正则曲线的一般化推广.

本书结构如下:

第 1 章,介绍了奇点理论的背景知识和研究现状,对全书的结构安排及研究内容做了介绍.

第 2 章,主要研究了单位球丛上的勒让德曲线的渐缩线的几何性质,并且给出了具体的例子.

第 3 章，主要研究了单位球丛上的单参数勒让德曲线族的包络线的几何性质，并且给出了具体的例子.

第 4 章，作为单参数勒让德曲线族的推广，探讨了欧氏空间的单参数标架曲线族的包络线的性质，着重研究了单参数标架空间曲线族的几何性质，并且给出了具体的例子.

第 5 章，探讨了欧氏平面单位切丛上勒让德曲线、单位球面单位球丛上勒让德曲线以及标架空间曲线之间的关系.

作　者

2023 年 10 月

目　录

第1章　引　言

在数学的许多分支领域,可以从不同的角度来研究奇点.但是在经典的微分几何学中,数学工作者对奇点一般都避而不谈,对奇点附近的几何性质更知之甚少.经典的微分几何学的主要研究对象是欧氏空间中的曲线、曲线族和曲面.主要研究内容就是曲线的弗雷内公式、曲面的基本形式以及高斯映射、平均曲率等.我们知道,合适的参数对于刻画曲线和曲面的几何性质是非常重要的.尤其是在欧氏变换下曲线的不变性和不变量定理中,弧长参数扮演了重要角色.然而在带有奇点的曲线中我们却不能用弧长参数.因为一般情况下,奇点处单位切向量的方向是不确定的.因而研究欧氏空间中带有奇点的曲线和曲面的这些几何性质,是一个非常必要且有意义的工作.

美国数学家 Morse 和 Whitney 从 20 世纪 30 年代开始分别开展了临界点理论和微分流形中有关奇异部分的研究.1955 年,Whitney 在大量前期工作的基础上,发表了《欧氏空间中平面到平面映射的奇点》,这标志着奇点理论的诞生.1960 年,法国数学家、菲尔兹奖获得者 Thom 在他的著作中提出把突变理论应用到古典微分几何的研究中,通过子流形上的映射或者群的奇异性来研究子流形的奇异性,并指出这两者之间的重要对应关系.在 Thom 想法的指引下,英国数学家 Porteous 最先把奇点理论运用到了微分几何中.此后,奇点理论在几何学中的研究得以迅速发展.20 世纪末,东北师范大学裴东河教授和日本北海道大学 Izumiya 教授首次将奇点理论应用于非欧氏空间中子流形的研究上，他们运用 Lagrangian 奇点理论和 Legendrian 奇点理论研究了 Minkowski 空间及其子空间的子流形的奇点分类，并且取得了丰硕的成果[39-43]. 在本书中，我们将运用切触几何理论研究欧氏空间中带有奇点的曲线的微分几何性质.

我们知道，欧氏空间中的正则曲线的形状是由它的曲率函数所决定的，并且应用曲线的活动标架可以得到很多有意义的几何性质. 但是如果曲线有奇点，我们就无法建立活动标架. 1987 年，数学工作者 Takao Sasai 研究了带有奇点的解析曲线的微分几何[70]，证明出在解析范畴解析曲线在一定条件下存在活动标架. 2012 年，数学工作者 Takahashi 和 Fukunaga 在前人工作的基础上对于奇异曲线的研究取得了突破性的进展[28-30]，探讨了欧氏平面单位切丛上的勒让德曲线的几何性质. 什么是勒让德曲线呢？概括地说，就是将奇异曲线从它所在的底空间到高维的切触空间建立一个勒让德提升，那么勒让德提升的像集是这个切触空间的一条正则曲线，我们把这条正则曲线叫作勒让德曲线，那么原奇异曲线就叫作勒让德曲线的波前 frontal 或者是 front[1,2].

$\mathbf{R}$ 是一维实数集，I 是 $\mathbf{R}$ 的一个开区间. 设 $\gamma: I\to\mathbf{R}^2$ 是一条光滑曲线. 我们说 $(T,v): I\to\mathbf{R}\times S^1$ 是勒让德曲线，如果$(\gamma,v)\cdot\theta=0$ 对于所有的 $t\in I$ 成立. 这里 θ 是单位切丛 $T_1\mathbf{R}=\mathbf{R}\times S^1$ 上的标准切形式. 这个条件等价于$\dot{\gamma}(t)\cdot v(t)=0$ 对于所有的 $t\in I$ 成立. 并且，如果(T,v)是一个浸入映射，我们就称(γ,v)是一个勒让德浸入. 我们说 $\gamma: I\to\mathbf{R}^2$ 是一个 frontal(或者是 front)，如果存在一个光滑映射 $v: I\to S^1$ 使得(γ,v)是一个勒让德曲线(或者勒让德浸入)，那么 $\gamma: I\to\mathbf{R}^2$ 是一个 forntal(或者 front).

事实上，只要曲线 γ 不是无限平坦的，那么 γ 就是一个 frontal. 特别地，解析曲线一定是 frontal. 我们很容易证明出勒让德曲线是正则曲线的推广. 有了勒让德曲线的概念，我们自然可以构造 frontal 或者是

front 的活动标架. 利用活动标架,可以得到类似于正则曲线曲率的一对光滑函数,因而把它叫作勒让德曲线的曲率,它对于分析勒让德曲线的几何性质非常有用. 在本书中,我们把这个工作进行了一般性的推广. 对于奇异曲线,主要研究的是单位球面单位球丛上的球面勒让德曲线与欧氏空间的标架曲线(见图 1.1),并得到了一些很好的结果.

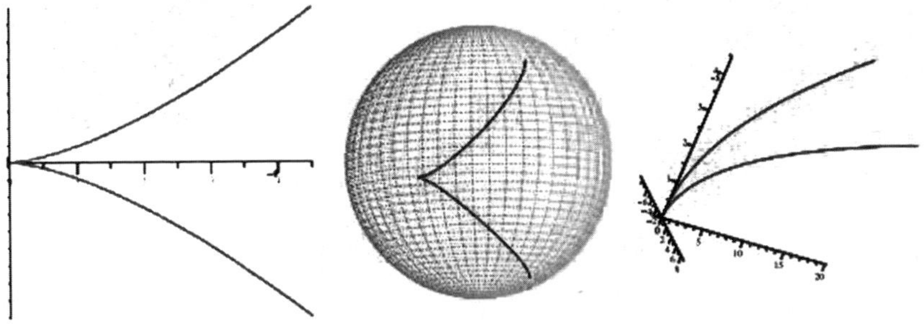

图 1.1　勒让德曲线、球面勒让德曲线以及标架曲线的 frontal

曲线的渐缩线是微分几何的经典研究内容. 平面正则曲线的渐缩线是曲线上每一点密切圆的圆心轨迹,2 维欧氏球面和三维欧氏空间正则曲线的渐缩线是其上每一点密切球的球心的轨迹. 如果这条正则曲线没有拐点,那么它的渐缩线又可以看作其上每一点处法线所组成的法线族的包络线. 一般情况下,正则曲线的渐缩线有奇点,并且渐缩线的奇点恰好对应原曲线的顶点. 一个简单的闭曲线至少有四个顶点. 所以我们常常用渐缩线的奇点[一般是(3,2)-型尖点]来识别原曲线的顶点. 但是如果曲线存在奇点,我们就无法定义带有奇点的曲线的渐缩线. 我们可以定义勒让德曲线的渐缩线,并且可以用距离平方函数、拉格朗日定理以及勒让德奇点理论来考察渐缩线的性质.

曲线族的包络线也是微分几何的重要研究课题. 包络线在微分方程、物理学以及工程学中有很多应用. 什么是包络线呢? 一般来说,曲线的包络线是与曲线族中的每一条曲线都相切的(见图 1.2). 如果曲线是正则的,那么“相切 ”是很好定义的,但是我们很难定义带有奇点的曲线族的包络线.

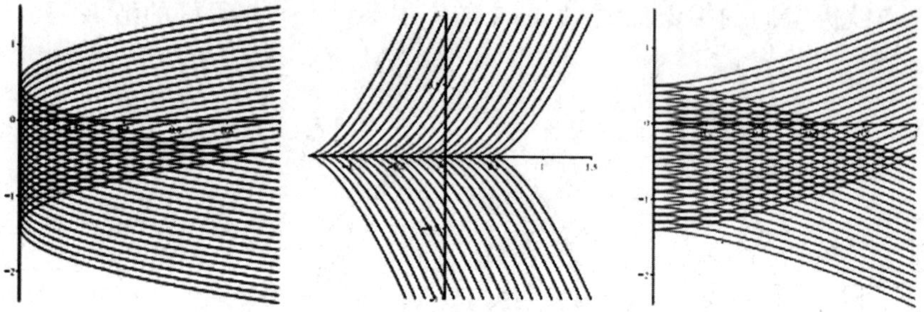

图 1.2　平面曲线族及其包络线

2016 年,Takahashi 定义了欧氏平面上带有奇点的勒让德曲线族的包络线[77]. 我们把这个想法用到了单位球面上,给出了单位球从上勒让德曲线族的包络线的定义,并且得到了一些新的结论,这篇论文已经在牛津大学数学季刊上发表. 我们还把这个想法进行了更加一般化的推广,探讨了欧氏空间中标架曲线族的包络线的几何性质.

本书共分为五章.

在第 2 章中,我们主要研究了单位球从上的球面勒让德曲线,给出了曲线在每一点处的活动标架以及曲率. 定义了 front 的渐缩线,它是正则曲线的渐缩线的推广,并讨论了没有拐点的渐缩线的性质,比如,front 的渐缩线也是一个 front,并且我们给出了具体的例子.

在第 3 章中,我们考虑了单位球从上单参数勒让德曲线族和它的曲率函数,利用曲率函数证明了单参数勒让德曲线族的存在性和唯一性定理,定义了单参数勒让德曲线族的包络线,并且证明了勒让德曲线族的包络线也是勒让德曲线. 我们还考虑了勒让德曲线族的平行曲线和渐缩线,并计算了平行曲线和渐缩线的包络线，而且探讨了勒让德曲线族的渐缩线、平行曲线以及包络线之间的关系，得到了一些新的结论.

在第4章中，作为单参数勒让德曲线族的推广，我们研究了欧氏空间中标架曲线族及其包络线.特别地，我们考虑了标架空间曲线的包络线的性质，并给出了几个例子加以说明.

在第5章中，我们分别从曲线族本身和曲线族的包络线的角度分别考虑了平面勒让德曲线、球面勒让德曲线以及标架空间曲线之间的关系.

第 2 章　勒让德曲线及其渐缩线

首先给出欧氏空间的一些基本概念和基本记号.

设 $\mathbf{R}^n=\{(x_1,\cdots,x_n)\mid x_i\in\mathbf{R},i=1,\cdots,n\}$ 为一个 n 维向量空间. 对 $\mathbf{R}^n$ 中任意向量 $\boldsymbol{a}=(a_1,\cdots,a_n)$ 和 $\boldsymbol{b}=(b_1,\cdots,b_n)$,定义 $\boldsymbol{a}$ 和 $\boldsymbol{b}$ 的内积为

$$\langle\boldsymbol{a},\boldsymbol{b}\rangle=\sum_{i=1}^{n}a_ib_i.$$

令 $\boldsymbol{a}_1,\cdots,\boldsymbol{a}_{n-1}\in\mathbf{R}^n$ 为 $n-1$ 个向量,$\boldsymbol{a}_i=(a_{i1},\cdots,a_{in}),i=1,\cdots,n-1$,那么向量积为

$$\boldsymbol{a}_1\times\cdots\times\boldsymbol{a}_{n-1}=\begin{vmatrix}a_{11}&\cdots&a_{1n}\\ \vdots&\ddots&\vdots\\ a_{n-11}&\cdots&a_{n-1n}\\ \boldsymbol{e}_1&\cdots&\boldsymbol{e}_n\end{vmatrix}$$

$$=\sum_{i=1}^{n}\det(\boldsymbol{a}_1,\cdots,\boldsymbol{a}_{n-1},\boldsymbol{e}_i)\boldsymbol{e}_i,$$

这里 $\boldsymbol{e}_1,\cdots,\boldsymbol{e}_n$ 是 $\mathbf{R}^n$ 上的标准正交基,那么我们有$(\boldsymbol{a}_1\times\cdots\times\boldsymbol{a}_{n-1})\cdot\boldsymbol{a}_i=0$ 对 $i=1,\cdots,n-1$ 成立. 当 $n=3$ 时,

$$\boldsymbol{a}_1\times\boldsymbol{a}_2=\begin{vmatrix}a_{11}&a_{12}&a_{13}\\ a_{21}&a_{22}&a_{23}\\ \boldsymbol{e}_1&\boldsymbol{e}_2&\boldsymbol{e}_3\end{vmatrix}.$$

令 $S^{n-1}=\{(x_1,\cdots,x_n)\in\mathbf{R}^n\mid x_1^2+\cdots+x_n^2=1\}$是单位球面.

我们记集合

$$
\begin{aligned}
\Delta_{n-1} &= \{ v = (v_1, \cdots, v_{n-1}) \\
&\qquad \in \mathbf{R}^n \times \cdots \times \mathbf{R}^n \mid v_i \cdot v_j = \delta_{ij}, i, j = 1, \cdots, n-1 \} \\
&= \{ v = (v_1, \cdots, v_{n-1}) \\
&\qquad \in S^{n-1} \times \cdots \times S^{n-1} \mid v_i \cdot v_j = 0, i \neq j, i, j = 1, \cdots, n-1 \}.
\end{aligned}
$$

那么 Δ_{n-1} 是 $n(n-1)/2$ 维光滑流形. $\boldsymbol{v}=(v_1,\cdots,v_{n-1})\in\Delta_{n-1}$，我们定义 $\mathbf{R}^n$ 中的单位向量 $\boldsymbol{\mu}=v_1\times\cdots\times v_{n-1}$，那么有向量对 $(\boldsymbol{v},\boldsymbol{\mu})\in\Delta_n$.

记 $T_1\mathbf{R}^2=\mathbf{R}^2\times S^1$ 为欧氏平面 $\mathbf{R}^2$ 上的单位切丛.

记 $T_1S^2=\{(v_1,v_2)\in S^2\times S^2 \mid v_1\cdot v_2=0\}$ 为单位球面上的单位球丛.

如无特殊说明，本文涉及的所有映射和流形都是光滑的.

2.1　勒让德曲线

首先介绍欧氏平面单位切丛上的勒让德曲线. 详细内容可参见文献[30].

设 $\gamma: I\to\mathbf{R}^2$ 是一条正则曲线（即 $\dot{\gamma}(t)=\mathrm{d}T/\mathrm{d}t\neq 0$），这里 I 是 $\mathbf{R}$ 的开区间，t 是曲线 γ 的一般参数. 向量 $\boldsymbol{x}\in\mathbf{R}^2$ 的模长定义为 $|\boldsymbol{x}|=\sqrt{\boldsymbol{x}\cdot\boldsymbol{x}}$. 我们可以取曲线 γ 的弧长参数 s，s 满足 $|\gamma'(s)|=1$，则有单位切向量 $\boldsymbol{t}(s)=\gamma'(s)$ 和单位法向量 $\boldsymbol{n}(s)=J(\boldsymbol{t}(s))$，$J$ 是逆时针旋转 $\pi/2$，那么有弗雷内公式：

$$
\begin{pmatrix} \boldsymbol{t}'(s) \\ \boldsymbol{n}'(s) \end{pmatrix} = \begin{pmatrix} 0 & k(s) \\ -k(s) & 0 \end{pmatrix} \begin{pmatrix} \boldsymbol{t}(s) \\ \boldsymbol{n}(s) \end{pmatrix},
$$

如果 t 不是弧长参数，则单位切向量 $\boldsymbol{t}(t)=\dot{\gamma}(t)/\|\dot{\gamma}(t)\|$，单位法向量 $\boldsymbol{n}(t)=J(\boldsymbol{t}(t))$，$\boldsymbol{e}(t)=\gamma(t)\times\boldsymbol{t}(t)$，那么弗雷内公式为

$$\begin{pmatrix} \dot{\boldsymbol{t}}(t) \\ \dot{\boldsymbol{n}}(t) \end{pmatrix} = \begin{pmatrix} 0 & |\dot{\gamma}k(t)| \\ -|\dot{\gamma}k(t)| & 0 \end{pmatrix} \begin{pmatrix} \boldsymbol{t}(t) \\ \boldsymbol{n}(t) \end{pmatrix},$$

这里

$$\dot{\gamma}(t) = \mathrm{d}\gamma/\mathrm{d}t(t), |\dot{\gamma}(t)| = \sqrt{\dot{\gamma}(t) \cdot \dot{\gamma}(t)},$$

$$k(t) = \det(\dot{\gamma}(t), \ddot{\gamma}(t))/|\dot{\gamma}(t)|^3 = \det(\dot{\boldsymbol{t}}(t), \boldsymbol{n}(t))/|\dot{\gamma}(t)|.$$

$k(t)$不依赖于参数的选择.

正则平面曲线的存在性和唯一性定理如下：

定理 2.1.1[32]［存在性定理］ 设 $k:I\to\mathbf{R}$ 是光滑函数，那么存在正则参数曲线 $\gamma:I\to\mathbf{R}^2$，它的曲率为 k.

定理 2.1.2[32]［唯一性定理］ 设 γ 和 $\tilde{\gamma}:I\to\mathbf{R}^2$ 是正则曲线，如果它们的速率为 $s=|\dot{\gamma}(t)|$ 与 $\tilde{s}=|\dot{\tilde{\gamma}}(t)|$)，并且它们的曲率相等，那么 γ 和 $\tilde{\gamma}$ 是叠合的.

如果曲线 γ 有奇点，我们就无法定义曲线 γ 的活动标架，但是我们可以在光滑的范畴定义勒让德曲线的活动标架[70].

设 $(\gamma,v):I\to\mathbf{R}^2\times S^1$ 是勒让德曲线，如果 $\dot{\gamma}(t)\cdot v(t)=0$，对于所有的 $t\in I$ 成立，并且 (γ,v) 是一个浸入映射，那么我们就称 (γ,v) 是一个勒让德浸入. 如果存在光滑映射 $v:I\to S^1$ 使得 (γ,v) 是勒让德曲线（或者勒让德浸入），那么 $\gamma:I\to\mathbf{R}^2$ 是一个 frontal（或者 front）.

设 $\gamma=(\gamma_1,\gamma_2):(\mathbf{R},0)\to(\mathbf{R}^2,0)$ 是平面映射芽. 如果 γ 不是无限平坦的，也就是说 γ_1 或者是 γ_1 不属于 m_1^∞（无限平坦函数芽的理想），那么 γ 就是 frontal. 事实上，存在光滑函数芽 α 使得 $\dot{\gamma}_1(t)=\alpha(t)\dot{\gamma}_2(t)$（或者 $\dot{\gamma}_2(t)=\alpha(t)\dot{\gamma}_1(t)$）. 如果取 $v(t)=(1/\sqrt{a^2+1})(-a(t),1)$（或者 $v(t)=(1/\sqrt{a^2+1})(1,-a(t))$），那么 (γ,v) 是勒让德曲线.

设 $(\gamma,v):I\to\mathbf{R}^2\times S^1$ 是勒让德曲线，那么我们有 frontalγ 的弗雷内标

架. 给出 $\boldsymbol{\mu}(t)=J(v(t))$，称$\{v(t),\boldsymbol{\mu}(t)\}$是 frontal$\gamma$ 的活动标架，并且有弗雷内公式：

$$\begin{pmatrix}\dot{v}(t)\\ \dot{\mu}(t)\end{pmatrix}=\begin{pmatrix}0 & l(t)\\ -l(t) & 0\end{pmatrix}\begin{pmatrix}v(t)\\ \boldsymbol{\mu}(t)\end{pmatrix},$$

这里 $l(t)=\dot{v}(t)\cdot\boldsymbol{\mu}(t)$. 并且，存在光滑函数 $\beta(t)$，使得$\dot{\gamma}(t)=\beta(t)\boldsymbol{\mu}(t)$. 函数对$(l,\beta)$是勒让德曲线重要的几何不变量，称为$(l(t),\beta(t))$勒让德曲线的曲率. 如果 γ 是正则平面曲线，它的曲率 $k(t)$ 与$(l(t),\beta(t))$之间的关系是什么呢？

命题 2.1.3[31]　如果 γ 是正则平面曲线，那么 $l(t)=|\beta(t)|k(t)$.

定义 2.1.4[30]　设(γ,v)和$(\widetilde{\gamma},\widetilde{v}):I\to\mathbf{R}^2\times S^1$ 是勒让德曲线. 如果存在 $\mathbf{R}^2$ 上的变换使得$\widetilde{\gamma}=C(\gamma(t))=A(\gamma(t))+\boldsymbol{b}$，$\widetilde{v}(t)=A(v(t))$对于所有的 $t\in I$ 成立，那么(γ,v)和 $(\widetilde{\gamma},\widetilde{v})$是一致的勒让德曲线，这里 C 是 $\mathbf{R}^2$ 上的旋转变换 A 和平移变换 $\boldsymbol{b}$ 的合成.

对于平面勒让德曲线有两个重要的定理，即勒让德曲线的存在性和唯一性定理.

定理 2.1.5[30]（勒让德曲线的存在性定理）　设$(l,\beta):I\to\mathbf{R}^2$ 是一个光滑函数，那么存在勒让德曲线$(\gamma,v):I\to\mathbf{R}^2\times S^1$，它的曲率为$(l,\beta)$.

定理 2.1.6[30]（勒让德曲线的唯一性定理）　设(γ,v)与$(\widetilde{\gamma},\widetilde{v}):I\to\mathbf{R}^2\times S^1$ 是勒让德曲线，并且它们的曲率(l,β)与$(\widetilde{l},\widetilde{\beta})$是相同的，那么$(\gamma,v)$与$(\widetilde{\gamma},\widetilde{v})$是叠合的.

接下来，介绍本书得到的主要结果之一，即将平直空间的勒让德曲线推广到了弯曲空间，即单位球面上，使得勒让德曲线的几何性质在单位球面上得以实现. 并且探讨了球面勒让德曲线的特有性质.

设 $\gamma:I\to S^2$ 是一条正则曲线，定义单位切向量 $\boldsymbol{t}(t)=\dot{\gamma}(t)/|\gamma(t)|$和单位法向量 $\boldsymbol{n}(t)=\gamma(t)\times\dot{\gamma}(t)/|\dot{\gamma}(t)|$，弗雷内公式为

$$\begin{pmatrix}\dot{\gamma}(t)\\ \dot{t}(t)\\ \dot{n}(t)\end{pmatrix}=\begin{pmatrix}0 & |\dot{\gamma}k_g(t)| & 0\\ -|\dot{\gamma}| & 0 & |\dot{\gamma}k_g(t)|\\ 0 & -|\dot{\gamma}k_g(t)| & 0\end{pmatrix}\begin{pmatrix}\gamma(t)\\ \boldsymbol{t}(t)\\ \boldsymbol{n}(t)\end{pmatrix},$$

这里测地曲率 $k_g(t)$ 为

$$k_g(t)=\dot{\boldsymbol{t}}(t)\cdot\boldsymbol{n}(t)/|\dot{\gamma}(t)|=\det(\boldsymbol{\gamma}(t),\boldsymbol{t}(t),\dot{\boldsymbol{t}}(t))/|\dot{\gamma}(t)|^3.$$

现在我们给出球面勒让德曲线的概念. 记 $\Delta_2=\{(\boldsymbol{a},\boldsymbol{b})\in S^2\times S^2\mid \boldsymbol{a}\cdot\boldsymbol{b}=0\}$是一个三维流形.

定义 2.1.7 设 $(\gamma,v):I\to\Delta_2\subset S^2\times S^2$ 为光滑曲线,如果 $\dot{\gamma}(t)\cdot v(t)=0$ 对于所有的 $t\in I$ 成立,则称 (γ,v) 为勒让德曲线(或球面勒让德曲线),γ 为 frontal,v 是 γ 的对偶. 并且,如果 (γ,v) 是浸入映射,也就是说,$(\dot{\gamma}(t),\dot{v}(t))\neq(0,0)$,则称 γ 是 front.

取 $\boldsymbol{\mu}(t)=\gamma(t)\times v(t)$,那么 $\boldsymbol{\mu}(t)\in S^2$,$\gamma(t)\cdot\boldsymbol{\mu}(t)=0$ 与 $v(t)\cdot\boldsymbol{\mu}(t)=0$,从而$\{\gamma(t),v(t),\boldsymbol{\mu}(t)\}$是 frontal$\gamma(t)$的活动标架,那么我们有弗雷内公式:

$$\begin{pmatrix}\dot{\gamma}(t)\\ \dot{v}(t)\\ \dot{\boldsymbol{\mu}}(t)\end{pmatrix}=\begin{pmatrix}0 & 0 & m(t)\\ 0 & 0 & n(t)\\ -m(t) & -n(t) & 0\end{pmatrix}\begin{pmatrix}\gamma(t)\\ v(t)\\ \boldsymbol{\mu}(t)\end{pmatrix},$$

这里 $m(t)=\dot{\gamma}(t)\cdot\boldsymbol{\mu}(t)$,$n(t)=\dot{v}(t)\cdot\boldsymbol{\mu}(t)$.

我们把函数对(m,n)称为勒让德曲线$(\gamma,v):I\to\Delta_2\subset S^2\times S^2$ 的曲率.

注 2.1.8 t_0 是 γ 的奇点当且仅当 $m(t_0)=0$.

注 2.1.9 如果$(\gamma,v):I\to\Delta_2\subset S^2\times S^2$ 是勒让德曲线并有曲率(m,n),那么$(\gamma,-v)$,$(-\gamma,v)$与(v,γ)也是勒让德曲线,曲率分别为$(-m,n)$,$(m,-n)$和$(-n,-m)$.

定义 2.1.10 设(γ,v),$(\tilde{\gamma},\tilde{v}):I\to\Delta_2\subset S^2\times S^2$ 是勒让德曲线. 如

果存在特殊正交阵 $\boldsymbol{A}\in SO(3)$，使得

$$\tilde{\gamma}(t)=\boldsymbol{A}(\gamma(t)),\tilde{v}(t)=\boldsymbol{A}(v(t)),$$

对于所有的 $t\in I$ 成立，那么 (γ,v)，$(\tilde{\gamma},\tilde{v})$ 是相同的勒让德曲线.

定理 2.1.11（球面勒让德曲线的存在性定理）　设 $(m,n):I\to\mathbf{R}\times\mathbf{R}$ 是光滑映射，则存在勒让德曲线 $(\gamma,v):I\to\Delta\subset S^2\times S^2$ 其曲率为 (m,n).

定理 2.1.12（球面勒让德曲线的唯一性定理）　设 (γ,v) 与 $(\tilde{\gamma},\tilde{v})$：$I\to\Delta_2\subset S^2\times S^2$ 是勒让德曲线. 如果它们的曲率 (m,n) 与 $(\widetilde{m},\tilde{n})$ 相等，那么 (γ,v)，$(\tilde{\gamma},\tilde{v})$ 是叠合的勒让德曲线.

注 2.1.13　设 $\gamma:I\to S^2$ 是正则曲线. 如果 $(\gamma,\boldsymbol{n}):I\to\Delta_2\subset S^2\times S^2$ 是勒让德浸入，那么 γ 的测地曲率 k_g 与 $(\gamma,\boldsymbol{n})$ 的曲率 (m,n) 满足 $k_g(t)=n(t)/|m(t)|$.

设 $\gamma:(I,t_0)\to(S^2,0)$ 是光滑曲线芽. 记 $\gamma(t)=(x(t),y(t),z(t))$. 如果 γ 不是无限平坦的，也就是说 $x(t)$，$g(t)$，$z(t)$ 至少有一个不属于 m_1^{∞}（无限平坦函数芽的理想），那么 γ 就是 frontal.

不失一般性，我们假设 $x(t)$ 不属于 m_1^{∞}，使得

$$\operatorname{order}x(t)\leqslant\operatorname{order}y(t)\leqslant\operatorname{order}z(t).$$

若 $x(t_0)>0$，由假设 $\gamma(t)\in S^2$，则存在 t_0 处的光滑函数芽 $a(t)$，$b(t)$，$c(t)$ 使得 $y(t)=a(t)x(t)$，$z(t)=b(t)x(t)$ 与 $\dot{b}(t)=c(t)\dot{a}(t)$. 从而有

$$\gamma(t)=\frac{1}{\sqrt{1+a^2(t)+b^2(t)}}(1,a(t),b(t)),$$

如果取

$$v(t)=\frac{1}{\sqrt{(a(t)c(t)-b(t))^2+c^2(t)+1}}(a(t)c(t)-b(t),-c(t),1),$$

那么 (γ,v) 是勒让德曲线.

接下来我们给出球面勒让德曲线的平行曲线的定义和性质.

设 $(\gamma,v):I\to\Delta_2\subset S^2\times S^2$ 是勒让德曲线，曲率为 (m,n). 定义平行

曲线 $\gamma_\theta: I\to S^2$ 为

$$\gamma_\theta(t)=\cos\theta\gamma(t)+\sin\theta v(t),$$

这里 $\theta\in[0,2\pi)$，那么 γ_θ 也是 frontal. 记 $v_\theta: I\to S^2$，$v_\theta(t)=-\sin\theta\gamma(t)+\cos\theta v(t)$.

命题 2.1.14 在上面的条件下，我们有 $(\gamma_\theta, v_\theta): I\to\Delta_2\subset S^2\times S^2$ 是勒让德曲线，曲率为

$$(m(t)\cos\theta+n(t)\sin\theta, -m(t)\sin\theta+n(t)\cos\theta).$$

证明 由定义 $\gamma_\theta(t)\cdot v_\theta(t)=0$. 因为

$$\dot{\gamma}_\theta(t)=(m(t)\cos\theta+n(t)\sin\theta)\boldsymbol{\mu}(t),$$

那么

$$\dot{\gamma}_\theta(t)\cdot v_\theta(t)=0.$$

从而 $(\gamma_\theta(t), v_\theta)$ 是勒让德曲线. 而且我们有

$$\boldsymbol{\mu}_\theta(t)=\gamma_\theta(t)\times v_\theta(t)=\boldsymbol{\mu}(t), \dot{v}_\theta(t)=(-m(t)\sin\theta+n(t)\cos\theta)\boldsymbol{\mu}(t).$$

勒让德曲线的曲率为 $(m(t)\cos\theta+n(t)\sin\theta, -m(t)\sin\theta+n(t)\cos\theta)$. □

设 $(\gamma_\theta, v_\theta)$ 是勒让德曲线 (γ, v) 的平行曲线. 如果 (γ, v) 是勒让德浸入，那么 $(\gamma_\theta, v_\theta)$ 也是勒让德浸入.

2.2 勒让德曲线的渐缩线

首先我们介绍欧氏平面单位切丛上的勒让德曲线的渐缩线. 详细内容可参见文献[29].

正则平面曲线的渐缩线 $E_v(\gamma): I\to\mathbf{R}^2$ 为

$$E_v(\gamma)(t)=\gamma(t)+\frac{1}{k}(t)n(t),$$

除去 $k(t)=0$ 的点.

定义 2.2.1[29]　设 $(\gamma,v):I\to\mathbf{R}^2\times S^1$ 是勒让德浸入. 我们定义 frontγ 的渐缩线 $\varepsilon_v(\gamma)(t):I\to\mathbf{R}^2$. 如果 t 是正则点，则

$$\varepsilon_v(\gamma)(t)=\gamma(t)+\frac{1}{k}(t)\boldsymbol{n}(t),$$

如果 $t\in(t_0-\delta,t_0+\delta)$，$t_0$ 是 γ 的奇点，则

$$\varepsilon_v(\gamma)(t)=\gamma_\lambda(t)+\frac{1}{k_\lambda(t)}\boldsymbol{n}_\lambda(t),$$

这里 δ 为充分小的正实数且 $\lambda\in\mathbf{R}$ 满足条件 $\lambda\neq 1/k(t)$.

$(\gamma,v):I\to\mathbf{R}^2\times S^1$ 是勒让德浸入，曲率为 (ℓ,β).

定理 2.2.2[29]　在上面的条件下，front 的渐缩线 $\varepsilon_v(\gamma)(t)$ 为

$$\varepsilon_v(t)=\gamma(t)-\frac{\beta(t)}{\ell(t)}\tag{2.2.1}$$

且 $\varepsilon_v(\gamma)(t)$ 是 front.

现在我们详细介绍本书得到的主要结论之一，即单位球丛上勒让德浸入的渐缩线及其性质.

设 $(\gamma,v):I\to\Delta\subset S^2\times S^2$ 是勒让德浸入，即 $(m(t),n(t))\neq(0,0)$，对于所有的 $t\in I$ 成立. 那么我们可以定义单位球面上正则曲线 γ 的渐缩线 $E_v(\gamma)(t):I\to S^2$ 为

$$E_v(\gamma)(t)=\pm\frac{k_g(t)}{\sqrt{k_g^2+1}}\gamma(t)\pm\frac{1}{\sqrt{k_g^2+1}}n(t).$$

现在我们定义单位球面上的 front 的渐缩线并给出渐缩线的性质.

定义 2.2.3　frontγ 的渐缩线 $\varepsilon_v(\gamma)(t):I\to S^2$ 为

$$\varepsilon_v(\gamma)(t)=\pm\frac{n(t)}{\sqrt{m^2(t)+n^2(t)}}\gamma(t)\mp\frac{m(t)}{\sqrt{m^2(t)+n^2(t)}}v(t).\tag{2.2.2}$$

注 2.2.4　设 (γ,v) 是勒让德浸入，曲率为 (m,n)，那么 $(-\gamma,v)$，

$(\gamma,-v)$也是勒让德浸入，曲率分别为$(-m,n)$，$(m,-n)$，其渐缩线仍然为$\varepsilon_v(\gamma)$. (v,γ)也为勒让德曲线，曲率为$(-n,-m)$，它的渐缩线和对偶曲线的渐缩线是一致的，即为$\varepsilon_v(\gamma)(t)=\varepsilon_v(v)(t)$.

命题 2.2.5 设$\gamma:I\to S^2$是正则曲线，那么正则曲线的渐缩线和 front 的渐缩线是相同的.

证明 设$(\gamma,\boldsymbol{n}):I\to\Delta\subset S^2\times S^2$为勒让德浸入，曲率为$(m,n)$. 由$\boldsymbol{n}(t)=v(t)$，$\boldsymbol{t}(t)=-\boldsymbol{\mu}(t)$，则有$m(t)<0$. 正则曲线的测地曲率为$k_g(t)=n(t)/|m(t)|=-n(t)/m(t)$. 由正则曲线的渐缩线的定义，我们有

$$
\begin{aligned}
Ev(T)(t)&=\pm\frac{k_g(t)}{k_g^2(t)+1}\gamma(t)\mp\frac{1}{\sqrt{k_g^2(t)+1}}n(t)\\
&=\pm\frac{n(t)}{\sqrt{m^2(t)+n^2(t)}}\gamma(t)\mp\frac{m(t)}{\sqrt{m^2(t)+n^2(t)}}v(t)\\
&=\varepsilon_v(\gamma)(t).
\end{aligned}
$$

□

命题 2.2.6 设$(\gamma_\theta,v_\theta):I\to\Delta\subset S^2\times S^2$是$(\gamma,v)$的平行勒让德浸入，其中$\theta\in[0,2\pi)$，那么平行曲线的渐缩线和 front 的渐缩线是一致的.

证明 设(γ_θ,v_θ)的曲率为

$$(m_\theta(t),n_\theta(t))=(m(t)\cos\theta+n(t)\sin\theta,-m(t)\cos\theta+n(t)\sin\theta),$$

那么有

$$m_\theta^2+n_\theta^2=m^2(t)+n^2(t).$$

从而有

$$
\begin{aligned}
\varepsilon_v(\gamma_\theta)(t)&=\pm\frac{n_\theta(t)}{\sqrt{m_\theta^2(t)+n_\theta^2(t)}}\gamma_\theta(t)\mp\frac{m_\theta(t)}{\sqrt{m_\theta^2(t)+n_\theta^2(t)}}v_\theta(t)\\
&=\pm\frac{-m(t)\sin\theta+n(t)\cos\theta}{\sqrt{m_\theta^2(t)+n_\theta^2(t)}}(\cos\theta\gamma(t)+\sin\theta v(t))
\end{aligned}
$$

$$\mp\frac{m(t)\cos\theta+n(t)\sin\theta}{\sqrt{m_\theta^2(t)+n_\theta^2(t)}}(-\sin\theta\gamma(t)+\cos\theta v(t))$$

$$=\pm\frac{n(t)}{\sqrt{m_\theta^2(t)+n_\theta^2(t)}}\gamma(t)\mp\frac{m(t)}{\sqrt{m_\theta^2(t)+n_\theta^2(t)}}v(t)$$

$$=\varepsilon v(\gamma)(t).$$

当 F 是 Morse 族，由勒让德奇点理论[1,2,60,89]，则有 $(F,\partial F/\partial t):I\times S^2\to\mathbf{R}\times\mathbf{R}$ 在 $(t,v)\in D(H)$ 是淹没，这里

$$D(H)=\{(t,v)\mid H(t,v)=(\partial H/\partial t)(t,v)=0\}.$$

从而 front$\varepsilon_v(\gamma)$ 的渐缩线是勒让德浸入的 front 并且是 front 法线的包络线. 下面我们给出球面勒让德曲线的渐缩线的重要定理.

定理 2.2.7　设 $(\gamma,v):I\to\Delta\subset S^2\times S^2$ 是勒让德浸入，曲率为 (m,n)，那么 $\varepsilon_v(T)$ 是 front，并且，$(\varepsilon_v(\gamma),\boldsymbol{\mu}):I\to\Delta\subset S^2\times S^2$ 是勒让德浸入，曲率为

$$m\varepsilon_v(t)=\frac{\dot m(t)n(t)-m(t)\dot nt}{m^2(t)+n^2(t)},n\varepsilon_v=\pm\sqrt{m^2(t)+n^2(t)}.$$

证明　记 $(\gamma\varepsilon_v,v\varepsilon_v)=(\varepsilon_v,\boldsymbol{\mu})$. 由 front$\varepsilon_v$ 的渐缩线的定义，则有 $\gamma\varepsilon_v\cdot v\varepsilon_v=0$ 对于所有的 $t\in I$ 成立. 又因为

$$\dot\gamma\varepsilon_v(t)=\pm\frac{\mathrm{d}}{\mathrm{d}t}\left(\frac{n(t)}{\sqrt{m^2(t)+n^2(t)}}\right)\gamma(t)\mp\frac{\mathrm{d}}{\mathrm{d}t}\left(\frac{m(t)}{\sqrt{m^2(t)+n^2(t)}}\right)v(t),$$

我们有 $\dot\gamma_{\varepsilon_{v(t)}}\cdot v\varepsilon_v=0$ 对于所有的 $t\in I$ 成立. 通过直接计算，我们有

$$\dot v\varepsilon_v(t)=\dot\mu(t)=m(t)\gamma(t)-n(t)v(t),$$

和

$$\mu\varepsilon_v(t)=\gamma\varepsilon_v(t)\times v\varepsilon_v(t)$$

$$=\frac{m(t)}{\sqrt{m^2(t)+n^2(t)}}\gamma(t)\mp\frac{n(t)}{\sqrt{m^2(t)+n^2(t)}}v(t),$$

那么曲率为

$$m\varepsilon_v(t)=\dot{\gamma}\varepsilon_v(t)\cdot\mu\varepsilon_v(t)$$

$$=-\frac{m(t)}{\sqrt{m^2(t)+n^2(t)}}\frac{\mathrm{d}}{\mathrm{d}t}\left(\frac{n(t)}{\sqrt{m^2(t)+n^2(t)}}\right)$$

$$+\frac{n(t)}{\sqrt{m^2(t)+n^2(t)}}\frac{\mathrm{d}}{\mathrm{d}t}\left(\frac{m(t)}{\sqrt{m^2(t)+n^2(t)}}\right)$$

$$=\frac{\dot{m}(t)n(t)-m(t)\dot{n}(t)}{m^2(t)+n^2(t)},$$

$$n\varepsilon_v(t)=\dot{v}\varepsilon_v(t)\cdot\mu\varepsilon_v(t)$$

$$=\pm\frac{m_2(t)}{\sqrt{m^2(t)+n^2(t)}}\pm\frac{n^2(t)}{\sqrt{m^2(t)+n^2(t)}}$$

$$=\pm\sqrt{m^2(t)+n^2(t)}.$$

由 $n\varepsilon_v(t)\neq 0$ 对于所有的 $t\in I$ 成立，从而有$(\gamma\varepsilon_v,v\varepsilon_v)$是勒让德浸入. □

由定理 2.2.17，front 的渐缩线也是 front. 所以我们可以考虑 front 的渐缩线的渐缩线，即原曲线的 2 阶渐缩线，并给出它在原曲线的奇点处的性质.

命题 2.2.8 设(γ,v)是勒让德浸入，曲率为(l,β). front 的渐缩线的渐缩线为

$$\varepsilon_v(\varepsilon_v(\gamma))(t)=\varepsilon_v(t)-\frac{\dot{\beta}(t)l(t)-\beta(t)\dot{l}(t)}{l(t)^3}\mu(t).$$

证明 记$\tilde{\gamma}(t)=\varepsilon_v(\gamma)(t)$，并且$(\tilde{\gamma}(t),\tilde{v}(t))=(\varepsilon_v(\gamma)(t),\mu(t))$是勒让德浸入. 由于

$$\tilde{\mu}(t)=\mu(t)\times\varepsilon_v(\gamma)(t),$$

我们有

$$\tilde{\beta}(t)=\frac{\dot{\beta}(t)l(t)-\beta(t)\dot{l}(t)}{\sqrt{l(t)^2+\beta(t)^2}},$$

这里$\dot{\tilde{\gamma}}(t)=\tilde{\beta}(t)\tilde{\mu}(t))$ 而且$\tilde{l}(t)=\sqrt{l(t)^2+\beta(t)^2}$. 从而

$$\begin{aligned}
\varepsilon_{\varepsilon_v(\gamma)}(t) &= \varepsilon_{\tilde{\gamma}}(t) \\
&= \frac{-\tilde{l}(t)\varepsilon_v(\gamma)(t)+\tilde{\beta}(t)\,\tilde{v}(t)}{\sqrt{-\tilde{l}(t)^2+\tilde{\beta}(t)^2}} \\
&= \frac{-\sqrt{l(t)^2+\beta(t)^2}\,\varepsilon_v(\gamma)(t)+\dfrac{\dot{\beta}(t)l(t)-\beta(t)\dot{l}(t)\mu(t)}{\sqrt{l(t)^2+\beta(t)^2}}}{} \\
&= \frac{-(l^2(t)+\beta^2(t))^{3/2}\varepsilon_v(\gamma)(t)+(\dot{\beta}(t)l(t)-\beta(t)\dot{l}(t))\mu(t)}{\sqrt{(l(t)+\beta(t))^3+(\dot{\beta}(t)l(t)-\beta(t)\dot{l}(t))^2}} \\
&= \varepsilon_v(t)-\frac{\dot{\beta}(t)l(t)-\beta(t)\dot{l}(t)}{l(t)^3}\mu(t).
\end{aligned}$$

□

注 2.2.9　如果 γ 和 v 的曲率是相同的，那么 μ 的渐缩线为 γ 的渐缩线的渐缩线，即 $\varepsilon_v(\mu)=\varepsilon_v(\varepsilon_v(\gamma))$.

我们给出 $\varepsilon_v(\gamma)$，$\varepsilon_v(\varepsilon_v(\gamma))(t)$在曲线 γ 的奇点处的几何意义.

命题 2.2.10　假设 t_0 是 γ 的奇点.

(1)t_0 是 $\varepsilon_v(\gamma)(t)$的正常点当且仅当 γ 微分同胚 3/2 尖点.

(2)t_0 是 $\varepsilon_v(\gamma)(t)$当且仅当$\ddot{\gamma}(t_0)=0$.

证明　(1) 设 t_0 是 $\varepsilon_v(\gamma)(t)$ 的正常点. 由于 $\beta(t_0)=0, l(t_0)\neq 0$, $\dot{\beta}(t_0)\neq 0$. 由微分性质，$\dot{\gamma}(t)=\beta(t)\mu(t)$，我们有

$$\ddot{\gamma}(t)=\dot{\beta}(t)\mu(t)-l(t)\beta(t)v(t),$$

$$\dddot{\gamma}(t)=(\ddot{\beta}(t)-\beta(t)l(t)^2)\mu(t)-(2\dot{\beta}(t)l(t)+\beta(t)\dot{l}(t))v(t),$$

从而

$$\dot{\gamma}(t_0)=0, \ddot{\gamma}(t_0)=\dot{\beta}(t_0)\mu(t_0),$$

$$\dddot{\gamma}(t_0)=\ddot{\beta}(t_0)\mu(t_0)-2\dot{\beta}(t_0)l(t_0)v(t_0),$$

$$|\ddot{\gamma}(t_0)\times\dddot{\gamma}(t_0)|=2\dot{\beta}(t_0)^2 l(t_0).$$

(2)由(1)证明可知，$\dot{\beta}(t_0)=0$ 当且仅当$\ddot{\gamma}(t_0)=0$.

命题 2.2.11 假设 t_0 同时是 γ 与 $\varepsilon_v(\gamma)$ 的奇点.

(1) t_0 是 $\varepsilon_v(\varepsilon_v(\gamma))$ 正常点当且仅当 γ 在 t_0 微分同胚于 4/3 尖点.

(2) t_0 是 $\varepsilon_v(\varepsilon_v(\gamma))$ 奇点当且仅当 $\dddot{\gamma}(t_0)=0$.

证明 (1)设 t_0 是 $\varepsilon_v(\varepsilon_v\gamma)$ 的正常点.

$$\beta(t_0)=\dot{\beta}(t_0)=0, l(t_0)\neq 0,$$

那么 $\dot{\gamma}(t_0)=\ddot{\gamma}(t_0)=0$. 由于

$$\frac{\mathrm{d}}{\mathrm{d}t}\varepsilon_v(\varepsilon_v\gamma)(t_0)=-\ddot{\beta}(t_0)l(t_0)^{-2}\neq 0$$

当且仅当 $\ddot{\beta}(t_0)\neq 0$. 由微分公式, $\dot{\gamma}(t)=\beta(t)\mu(t)$, 从而有

$$\dddot{\gamma}(t_0)=\ddot{\beta}(t_0)\mu(t_0),$$

$$\gamma^4(t_0)=\dddot{\beta}(t_0)\mu(t_0)-3\ddot{\beta}(t_0)l(t_0)\mu(t_0).$$

因此,

$$|\dddot{\gamma}(t_0)\times\gamma^{(4)}(t_0)|=3\ddot{\beta}(t_0)^2 l(t_0)\neq 0.$$

从而有 γ 在 t_0 处同胚于 4/3 尖点.

(2)由(1)的证明, $\ddot{\beta}(t_0)=0$ 当且仅当 $\dddot{\gamma}(t_0)=0$. □

设 $(\gamma,v):I\to\Delta\subset S^2\times S^2$ 是勒让德浸入, 曲率为 (m,n). 我们给出 front 的 k-阶渐缩线的形式, 这里 k 是自然数. 记

$$\varepsilon v^0(\gamma)(t)=\gamma(t), v_0(t)=v(t),$$

$$\mu_0(t)=\mu(t), m_0=m(t), n_0=n(t),$$

定义

$$\varepsilon v^k(\gamma)(t)=\varepsilon v(\varepsilon v^{k-1}(\gamma))(t),$$

$$v_k(t)=\mu_{k-1}(t),$$

$$\mu_k(t)=\varepsilon v^k(\gamma)(t)\times v_k(t),$$

$$m_k(t)=\frac{\dot{m}_{k-1}(t)n_{k-1}(t)-m_{k-1}\dot{n}_{k-1}(t)}{m_{k-1}^2(t)+n_{k-1}^2(t)},$$

$$n_k(t) = \pm \sqrt{m_{k-1}^2(t) + n_{k-1}^2(t)}$$

那么有下面的定理.

定理 2.2.12　设$(\gamma, v): I \to \Delta \subset S^2 \times S^2$ 是勒让德浸入,曲率为(m, n),那么 $\varepsilon v^k(\gamma)$是 front. 而且,$(\varepsilon v^k(\gamma), v_k): I \to \Delta \subset S^2 \times S^2$ 是勒让德浸入,曲率为(m_k, n_k),这里

$$\varepsilon v^k(\gamma)(t) = \pm \frac{n_{k-1}(t)}{\sqrt{m_{k-1}^2(t) + n_{k-1}^2(t)}} \varepsilon v^{k-1}(\gamma)(t) \mp \frac{m_{k-1}(t)}{\sqrt{m_{k-1}^2(t) + n_{k-1}^2(t)}} v_{k-1}(t).$$

2.3　例　　子

我们分别给出欧氏平面单位切丛上的勒让德曲线与单位球面单位球丛上的球面勒让德曲线的渐缩线的例子.

例 2.3.1(球面肾形线)　设$(\gamma, v): [0, 2\pi) \to \Delta \subset S^2 \times S^2$ 为

$$\gamma(t) = \left(\frac{3}{4}\cos t - \frac{1}{4}\cos 3t, \frac{3}{4}\sin t - \frac{1}{4}\sin 3t, \frac{\sqrt{3}}{2}\cos t\right),$$

$$v(t) = \left(\frac{3}{4}\sin t - \frac{1}{4}\sin 3t, \frac{3}{4}\cos t + \frac{1}{4}\cos 3t, \frac{\sqrt{3}}{2}\sin t\right),$$

因为

$$\dot{\gamma}(t) = \left(-\frac{3}{4}\sin t + \frac{3}{4}\sin 3t, \frac{3}{4}\cos t - \frac{3}{4}\cos 3t, -\frac{\sqrt{3}}{2}\sin t\right),$$

我们有 $\gamma(t) \cdot v(t) = 0, \dot{\gamma}(t) \cdot v(t) = 0$. 因此$(\gamma, v): [0, 2\pi) \to \Delta \subset S^2 \times S^2$ 是勒让德曲线. 由定义,我们有

$$\mu(t) = \left(\frac{\sqrt{3}}{2}\cos 2t, \frac{\sqrt{3}}{2}\sin 2t, -\frac{1}{2}\right),$$

并且曲率为$(m(t),n(t))=(\sqrt{3}\sin t,\sqrt{3}\cos t)$. 从而$(\gamma,v)$是勒让德浸入. front$\gamma$ 的渐缩线为

$$\begin{aligned}\varepsilon v(\gamma)(t) &= \pm\frac{n(t)}{\sqrt{m^2(t)+n^2(t)}}\gamma(t)\mp\frac{m(t)}{\sqrt{m^2(t)+n^2(t)}}vt \\ &= \pm\cos t\gamma(t)\mp\sin tv(t) \\ &= \pm\left(\frac{1}{2}\cos 2t,\frac{1}{2}\sin 2t,\frac{\sqrt{3}}{2}\right),\end{aligned}$$

并且$(\varepsilon v(\gamma),\mu)$的曲率为$(m_{\varepsilon_v}(t),n_{\varepsilon_v}(t))=(1,\pm\sqrt{3})$, 那么 front$\gamma$ 的2 阶渐缩线为

$$\begin{aligned}\varepsilon v^2(\gamma)(t) &= \pm\frac{n\varepsilon_v(t)}{\sqrt{m_{\varepsilon_v}^2+n_{\varepsilon_v}^2(t)}}\varepsilon_v(\gamma)(t)\mp\frac{m_{\varepsilon_v}(t)}{\sqrt{m_{\varepsilon_v}^2(t)+n_{\varepsilon_v}^2(t)}}\mu(t) \\ &= \pm(0,0,1).\end{aligned}$$

例 2.3.2 设 $\gamma:I\to S^2$ 为

$$\gamma(t)=(\cos(t^2)\cos(t^3),\sin(t^2)\cos(t^3),\sin(t^3)).$$

我们有

$$\begin{aligned}\dot{\gamma}(t) = (&-2\sin(t^2)\cos(t^3)t-3\cos(t^2)\sin(t^3)t^2, \\ &2\cos(t^2)\cos(t^3)t-3\sin(t^2)\sin(t^3)t^2,3\cos(t^3)t^2).\end{aligned}$$

从而 γ 在 $t=0$ 处是奇点. 我们取 $v=(v_1,v_2,v_3)$, 则

$$\begin{aligned}v_1(t) &= P(2t\sin(t_3)\cos(t_2)\cos(t_3)-3t2\sin(t_2)), \\ v_2(t) &= P(3t^2\cos(t^2)+2t\sin(t^2)\sin(t^3)\cos(t^3)), \\ v_3(t) &= P(-2\cos^2(t^3)).\end{aligned}$$

这里

$$P=\frac{1}{\sqrt{\begin{aligned}&(2t\sin(t^3)\cos(t^2)\cos(t^3)-3t^2\sin(t^2))^2+ \\ &(3t^2\cos(t^2)+2t\sin(t^2)\sin(t^3)\cos(t^3))^2\end{aligned}}}$$

满足

$$\langle \gamma(t), v(t) \rangle = \langle \dot{\gamma}(t), v(y) \rangle = 0, \langle v(t), v(t) \rangle = 1.$$

从而，(γ, v)是球面勒让德曲线. 见图 2.1.

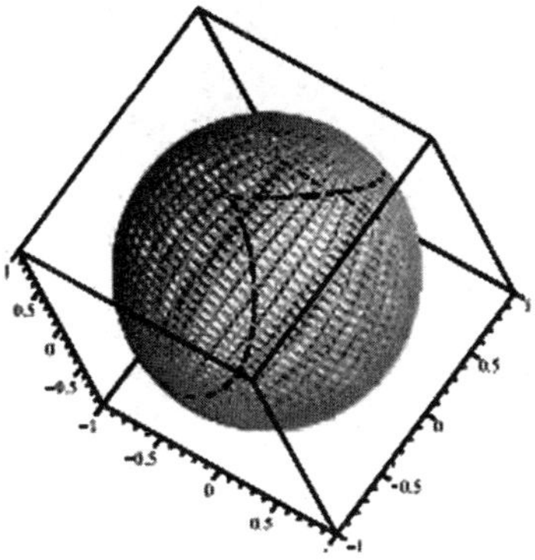

图 2.1　γ

例 2.3.3　设 $\gamma: I \to S^2$ 为

$$\gamma(t) = (\cos^2(t), \cos(t)\sin(t), \sin(t)),$$

由于$\dot{\gamma}(t) \neq 0$，我们有

$$k(t) = \sin(t)(\cos^2(t) + 2) / \sqrt{(1 + \cos^2(t))^3}.$$

则 $E_v(\gamma) = (E_1, E_2, E_3)$，有

$$E_1(t) = \frac{1}{\sqrt{(T(\cos^2(t) + 2)/P^2) + 1}} \left(\frac{T}{P}\cos^2(t) + \frac{1}{P^{1/3}}\sin^3(t) \right),$$

$$E_2(t) = \frac{1}{\sqrt{(T(\cos^2(t) + 2)/P^2) + 1}}$$

$$\left(\frac{T}{P}\cos(t)\sin(t) - \frac{1}{P^{1/3}}\cos(t)(1 + \sin^2(t)) \right),$$

$$E_3(t) = \frac{1}{\sqrt{(T(\cos^2(t) + 2)/P^2) + 1}} \left(\frac{T}{P}\sin(t) + \frac{1}{P^{1/3}}\cos^2(t) \right).$$

这里 $T = \sin(t)(\cos^2(t) + 2)$，$P = \sqrt{(1 + \cos^2(t))^3}$. 见图 2.2.

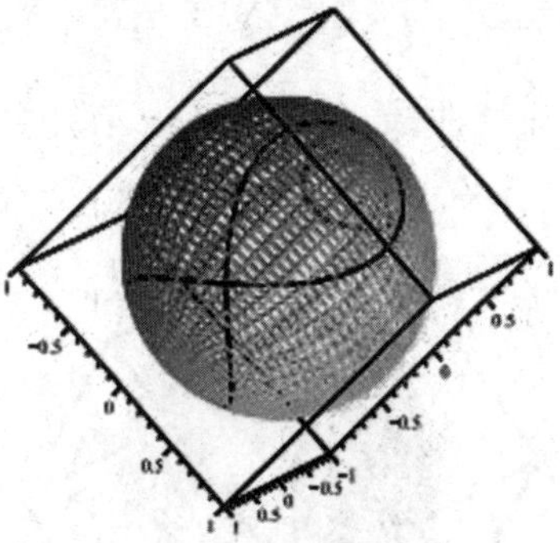

图 2.2　γ 与 $E_v(\gamma)$

第 3 章　单参数勒让德曲线族及其包络线

我们知道,曲线族的包络线就是和曲线族中每个成员都相切的那条曲线. 如果曲线族是正则的,那么“相切”是很好定义的,然而对于带有奇点的曲线族,包络线的定义是模糊的. 所以本章中,我们主要研究带有奇点的单参数曲线族的包络线. 我们的目的是明确奇异曲线族的包络线的定义,探讨包络线的几何性质.

3.1　单参数平面勒让德曲线族

我们首先介绍 $\mathbf{R}^2$ 上单位切丛 $T_1\mathbf{R}^2=\mathbf{R}^2\times S^1$ 上的单参数勒让德曲线族,详细内容请参见文献[77].

定义 3.1.1[77]　设 $(\gamma,v):I\times\Lambda\to\mathbf{R}^2\times S^1$ 是光滑映射. 如果 $\gamma_t(t,\lambda)\cdot v(t,\lambda)=0$ 对于所有的 $(t,\lambda)\in I\times\Lambda$ 成立,那么 (γ,v) 是单参数勒让德曲线族.

那么 $(\gamma(\cdot,\lambda),v(\cdot,\lambda)):I\to\mathbf{R}^2\times S^1$ 是勒让德曲线对于每个 $\lambda\in\Lambda$. 因此 $\gamma:I\times\Lambda\to\mathbf{R}^2$ 是单参数 frontal 族.

记 $J(\boldsymbol{a})=(-a_2,a_1)$ 是将向量 $\boldsymbol{a}=(a_1,a_2)$ 逆时针旋转 $\pi/2$ 而得. 定义 $\mu(t,\lambda)=J(v(t,\lambda))$. 因为 $\{v(t,\lambda),\mu(t,\lambda)\}$ 是 $\mathbf{R}^2$ 上 $\gamma(t,\lambda)$ 的活动

标架，我们有弗雷内公式：

$$\begin{pmatrix} v_t(t,\lambda) \\ \mu_t(t,\lambda) \end{pmatrix} = \begin{pmatrix} 0 & \ell(t,\lambda) \\ -\ell(t,\lambda) & 0 \end{pmatrix} \begin{pmatrix} v(t,\lambda) \\ \mu(t,\lambda) \end{pmatrix},$$

$$\begin{pmatrix} v_\lambda(t,\lambda) \\ \mu_\lambda(t,\lambda) \end{pmatrix} = \begin{pmatrix} 0 & L(t,\lambda) \\ -L(t,\lambda) & 0 \end{pmatrix} \begin{pmatrix} v(t,\lambda) \\ \mu(t,\lambda) \end{pmatrix},$$

$$\gamma_t(t,\lambda) = \alpha(t,\lambda)\mu(t,\lambda),$$

$$\gamma_\lambda(t,\lambda) = P(t,\lambda)v(t,\lambda) + R(t,\lambda)\mu(t,\lambda),$$

这里 $\ell(t,\lambda)=v_t(t,\lambda)\cdot\mu(t,\lambda)$，$\alpha(t,\lambda)=\lambda_t(t,\lambda)\cdot\mu(t,\lambda)$，$L(t,\lambda)=v_\lambda(t,\lambda)\cdot\mu(t,\lambda)$，$P(t,\lambda)=\gamma_\lambda(t,\lambda)\cdot v(t,\lambda)$ 和 $R(t,\lambda)=\gamma_\lambda(t,\lambda)\cdot\mu(t,\lambda)$. 由积分条件

$$\gamma_{t\lambda}(t,\lambda) = \gamma_{\lambda t}(t,\lambda), v_{t,\lambda} = v_{\lambda t}(t,\lambda),$$

ℓ,α 和 L,P,R 满足条件：

$$\ell_\lambda(t,\lambda) = L_t(t,\lambda),$$

$$P_t(t,\lambda) = \ell(t,\lambda)R(t,\lambda) - \alpha(t,\lambda)L(t,\lambda),$$

$$\alpha_\lambda(t,\lambda) = R_t(t,\lambda) + \ell(t,\lambda)P(t,\lambda)$$

对于所有 $(t,\lambda)\in I\times\Lambda$. 我们称满足积分条件(3.1.1)的函数组 (ℓ,α,L,P,R) 为单参数勒让德曲线族 (γ,v) 的曲率.

定义 3.1.2[77] 设 (γ,v) 和 $(\tilde{\gamma},\tilde{v}):I\times\Lambda\to\mathbf{R}^2\times S^1$ 是单参数勒让德曲线族. 如果存在旋转变换 $X\in SO(n)$ 和光滑映射 $a:\Lambda\to\mathbf{R}^2$ 使得 $\tilde{\gamma}(t,\lambda)=A(\gamma(t,\lambda))+a(\lambda)$ 和 $\tilde{v}(t,\lambda)=A(v(t,\lambda))$ 对于所有的 $(t,\lambda)\in I\times\Lambda$ 成立，那么 (γ,v) 和 $(\tilde{\gamma},\tilde{v})$ 是叠合的勒让德曲线族.

现在介绍单参数平面勒让德曲线的存在性和唯一性定理.

定理 3.1.3[77]（单参数勒让德曲线族的存在性定理） 设 $(\ell,\alpha,L,P,R):I\times\Lambda\to\mathbf{R}^5$ 是光滑映射并且满足积分条件. 存在单参数勒让德曲线族 $(\gamma,v):I\times\Lambda\to\mathbf{R}^2\times S^1$，它的曲率为 (ℓ,α,L,P,R).

定理 3.1.4[77](单参数勒让德曲线族的唯一性定理)　设(γ,v)与$(\tilde{\gamma},\tilde{v}):I\times\Lambda\to\mathbf{R}^2\times S^1$是单参数勒让德曲线族,曲率分别为$(\ell,\alpha,L,P,R)$,$(\tilde{\ell},\tilde{\alpha},\tilde{L},\tilde{P},\tilde{R})$,那么$(\gamma,v)$与$(\tilde{\gamma},\tilde{v})$是叠合的单参数勒让德曲线族当且仅当$(L,a,L,P,R)$与$(\tilde{\ell},\tilde{\alpha},\tilde{L},\tilde{P},\tilde{R})$相等.

接下来我们介绍本书得到的主要结论,即单位球丛上的单参数球面勒让德曲线族的定义及其存在性和唯一性定理.

设I和Λ是$\mathbf{R}$的区间.

定义 3.1.5　设$(\gamma,v):I\times\Lambda\to\Delta$是光滑映射.我们说$(\gamma,v)$是单参数球面勒让德曲线族,如果$\gamma_t(t,\lambda)\cdot v(t,\lambda)=0$对于所有的$(t,\lambda)\in I\times\Lambda$成立.

由定义,$(\gamma(\cdot,\lambda),v(\cdot,\lambda)):I\to\Delta$对于每个$\lambda\in\Lambda$是勒让德曲线.

我们定义$\mu(t,\lambda)=\gamma(t,\lambda)\times v(t,\lambda)$,那么$\{\gamma(t,\lambda),v(t,\lambda),\mu(t,\lambda)\}$是 frontal$\gamma(t,\lambda)$的活动标架.我们有弗雷内公式:

$$\begin{pmatrix}\gamma_t(t,\lambda)\\ v_t(t,\lambda)\\ \mu_t(t,\lambda)\end{pmatrix}=\begin{pmatrix}0 & 0 & m(t,\lambda)\\ 0 & 0 & n(t,\lambda)\\ -m(t,\lambda) & -n(t,\lambda) & 0\end{pmatrix}\begin{pmatrix}\gamma(t,\lambda)\\ v(t,\lambda)\\ \mu(t,\lambda)\end{pmatrix},$$

$$\begin{pmatrix}\gamma_\lambda(t,\lambda)\\ v_\lambda(t,\lambda)\\ \mu_\lambda(t,\lambda)\end{pmatrix}=\begin{pmatrix}0 & L(t,\lambda) & M(t,\lambda)\\ -L(t,\lambda) & 0 & N(t,\lambda)\\ -M(t,\lambda) & -N(t,\lambda) & 0\end{pmatrix}\begin{pmatrix}\gamma(t,\lambda)\\ v(t,\lambda)\\ \mu(t,\lambda)\end{pmatrix},$$

这里

$$m(t,\lambda)=\gamma_t(t,\lambda)\cdot\mu(t,\lambda),n(t,\lambda)=v_t(t,\lambda)\cdot\mu(t,\lambda),$$

$$L(t,\lambda)=\gamma_\lambda(t,\lambda)\cdot v(t,\lambda),M(t,\lambda)=\gamma_\lambda(t,\lambda)\cdot\mu(t,\lambda),$$

$$N(t,\lambda)=v_\lambda(t,\lambda)\cdot\mu(t,\lambda).$$

我们记矩阵

$$\boldsymbol{A}(t,\lambda)=\begin{pmatrix}0 & 0 & m(t,\lambda)\\ 0 & 0 & n(t,\lambda)\\ -m(t,\lambda) & -n(t,\lambda) & 0\end{pmatrix},$$

$$\boldsymbol{B}(t,\lambda)=\begin{pmatrix}0 & L(t,\lambda) & M(t,\lambda)\\ -L(t,\lambda) & 0 & N(t,\lambda)\\ -M(t,\lambda) & -N(t,\lambda) & 0\end{pmatrix},$$

由 $\gamma_{t\lambda}(t,\lambda)=\gamma_{\lambda t}(t,\lambda)$，$v_{t\lambda}(t,\lambda)=v_{\lambda t}(t,\lambda)$和 $\mu_{t\lambda}(t,\lambda)=\mu_{\lambda t}(t,\lambda)$，我们有积分条件

$$\boldsymbol{A}_\lambda(t,\lambda)+\boldsymbol{A}(t,\lambda)\boldsymbol{B}(t,\lambda)=\boldsymbol{B}_t(t,\lambda)+\boldsymbol{B}(t,\lambda)\boldsymbol{A}(t,\lambda),$$

即

$$L_t(t,\lambda)=M(t,\lambda)n(t,\lambda)-N(t,\lambda)m(t,\lambda),$$

$$m_\lambda(t,\lambda)=M_t(t,\lambda)+L(t,\lambda)n(t,\lambda),$$

$$n_\lambda(t,\lambda)=N_t(t,\lambda)-L(t,\lambda)m(t,\lambda)$$

对于所有的$(t,\lambda)\in I\times\Lambda$ 成立. 我们将带积分条件(3.2.1)的函数组(m,n,L,M,N) 叫作单参数球面勒让德曲线族的曲率.

注 3.1.6 设$(\gamma,v):I\times\Lambda\to\Delta$ 是单参数勒让德曲线族并有曲率(m,n,L,M,N)，那么容易验证$(\gamma,-v)$，$(-\gamma,v)$和(v,γ)也是单参数勒让德曲线族. 曲率分别为$(-m,n,-L,-M,N)$，$(m,-n,-L,M,-N)$，$(-n,-m,-L,-N,-M)$.

定义 3.1.7 设(γ,v)与$(\tilde{\gamma},\tilde{v}):I\times\Lambda\to\Delta$ 单参数球面勒让德曲线族. 如果存在球面正交矩阵 $\boldsymbol{A}\in SO(3)$使得$\tilde{\gamma}(t,\lambda)=\boldsymbol{A}(\gamma(t,\lambda))$与$\tilde{v}(t,\lambda)=\boldsymbol{A}(v(t,\lambda))$对于所有的$(t,\lambda)\in I\times\Lambda$ 成立，那么(γ,v)与$(\tilde{\gamma},\tilde{v})$是叠合的单参数球面勒让德曲线族.

我们有下面单参数球面勒让德曲线族的存在性和唯一性定理.

定理 3.1.8(单参数球面勒让德曲线族的存在性定理)　设$(m,n,$

$L,M,N):I\times\Lambda\to\mathbf{R}^5$ 是光滑映射并满足积分条件，那么存在单参数勒让德曲线族$(\gamma,v):I\times\Lambda\to\Delta$，它的曲率为$(m,n,L,M,N)$.

证明 选择参数的初值 $t=t_0,\lambda=\lambda_0$，我们考虑初值问题

$$F_t(t,\lambda)=A(t,\lambda)F(t,\lambda),F_\lambda(t,\lambda)=B(t,\lambda)F(t,\lambda),F(t_0,\lambda_0)=\boldsymbol{I}_3,$$

这里 $F(t,\lambda)\in\boldsymbol{M}(3)$，$A(t,\lambda)$，$B(t,\lambda)$如上，$\boldsymbol{M}(3)$是 3×3 矩阵的子集，$\boldsymbol{I}_3$ 是单位阵，那么我们考虑

$$F_{t\lambda}=A_\lambda F+AF_\lambda=A_\lambda F+ABF=(A_\lambda+AB)F,$$

$$F_{\lambda t}=B_tF+BF_t=B_tF+BAF=(B_t+BA)F.$$

由积分条件 $A_\lambda+AB=B_t+BA$，我们有 $F_{t\lambda}=F_{\lambda t}$. 因为 $I\times\Lambda$ 单连通的，存在解 $F(t,\lambda)$. 因此存在单参数勒让德曲线族$(\gamma,v):I\times\Lambda\to\Delta$，它的曲率为$(m,n,L,M,N)$. □

引理 3.1.9 设(γ,v)与$(\tilde{\gamma},\tilde{v}):I\times\Lambda\to\Delta$单参数勒让德曲线族并有相同的曲率，即$(m(t,\lambda),n(t,\lambda),L(t,\lambda),M(t,\lambda),N(t,\lambda))=(\tilde{m}(t,\lambda),\tilde{n}(t,\lambda),\tilde{L}(t,\lambda),\tilde{M}(t,\lambda),\tilde{N}(t,\lambda))$对于所有的$(t,\lambda)\in I\times\Lambda$成立. 如果存在两个参数 $t=t_0,\lambda=\lambda_0$ 使得$(\lambda(t_0,\lambda_0),v(t_0,\lambda_0))=(\tilde{\gamma}(t_0,\lambda_0),\tilde{v}(t_0,\lambda_0))$，那么$(\gamma,v)$与$(\tilde{\gamma},\tilde{v})$一致.

证明 定义光滑函数 $f:I\times\Lambda\to\mathbf{R}$ 为

$$f(t,\lambda)=\gamma(t,\lambda)\cdot\tilde{\gamma}(t,\lambda)+v(t,\lambda)\cdot\tilde{v}(t,\lambda)+\mu(t,\lambda)\cdot\tilde{\mu}(t,\lambda).$$

因为

$$\begin{aligned}&(m(t,\lambda),n(t,\lambda),L(t,\lambda),M(t,\lambda),N(t,\lambda))\\&=(\tilde{m}(t,\lambda),\tilde{n}(t,\lambda),\tilde{L}(t,\lambda),\tilde{M}(t,\lambda),\tilde{N}(t,\lambda)),\end{aligned}$$

我们有

$$\begin{aligned}f_t(t,\lambda)&=(\gamma_t\cdot\tilde{\gamma}+\gamma\cdot\tilde{\gamma}_t+v_t\cdot\tilde{v}+v\cdot\tilde{v}_t+\mu_t\cdot\tilde{\mu}+\mu\cdot\tilde{\mu}_t)(t,\lambda)\\&=((m\mu)\cdot\tilde{\gamma}+\gamma\cdot(\tilde{m}\,\tilde{\mu})+(n\mu)\cdot\tilde{v}+v\cdot(\tilde{n}\,\tilde{\mu})\\&\quad+(-m\gamma-nv)\cdot\tilde{\mu}+\mu\cdot(-\tilde{m}\,\tilde{\gamma}-\tilde{n}\,\tilde{v}))(t,\lambda)\end{aligned}$$

$$
\begin{aligned}
&=((m-\tilde{m})\mu\cdot\tilde{\gamma}+(\tilde{m}-m)\gamma\cdot\tilde{\mu}+(n-\tilde{n})\mu\cdot\tilde{v}\\
&\quad+(\tilde{n}-n)v\cdot\tilde{\mu})(t,\lambda)\\
&=0,
\end{aligned}
$$

$$
\begin{aligned}
f_\lambda(t,\lambda)&=(\gamma_\lambda\cdot\tilde{\gamma}+\gamma\cdot\tilde{\gamma}_\lambda+v_\lambda\cdot\tilde{v}+v\cdot\tilde{v}_\lambda+\mu_\lambda\cdot\tilde{\mu}+\mu\cdot\tilde{\mu}_\lambda)(t,\lambda)\\
&=((Lv+M\mu)\cdot\tilde{\gamma}+\gamma\cdot(\tilde{L}\,\tilde{v}+\tilde{M}\,\tilde{\mu})+(-L\gamma+N\mu)\cdot\tilde{v}\\
&\quad+v\cdot(-\tilde{L}\,\tilde{\gamma}+\tilde{N}\,\tilde{\mu})+(-M\gamma-Nv)\cdot\tilde{\mu}\\
&\quad+\mu\cdot(-\tilde{M}\,\tilde{\gamma}-\tilde{N}\,\tilde{v}))(t,\lambda)\\
&=((L-\tilde{L})v\cdot\tilde{\gamma}+(\tilde{L}-L)\gamma\cdot\tilde{v}+(M-\tilde{M})\mu\cdot\tilde{\gamma}\\
&\quad+(\tilde{M}-M)\gamma\cdot\tilde{\mu}+(N-\tilde{N})\mu\cdot\tilde{v}+(\tilde{N}-N)v\cdot\tilde{\mu})(t,\lambda)\\
&=0
\end{aligned}
$$

对于所有的$(t,\lambda)\in I\times\Lambda$成立. 从而 f 是常数. 由

$$\gamma(t_0,\lambda_0)=\tilde{\gamma}(t_0,\lambda_0),v(t_0,\lambda_0)=\tilde{v}(t_0,\lambda_0),$$

我们有 $f(t_0,\lambda_0)=3$ 与函数 f 是值为 3 的常数. 由柯西-施瓦茨不等式, 我们有

$$\gamma(t,\lambda)\cdot\tilde{\gamma}(t,\lambda)\leqslant|\gamma(t,\lambda)||\tilde{\gamma}(t,\lambda)|=1,$$
$$v(t,\lambda)\cdot\tilde{v}\leqslant|v(t,\lambda)||\tilde{v}(t,\lambda)|=1,$$
$$\mu(t,\lambda)\cdot\tilde{\mu}\leqslant|\mu(t,\lambda)||\tilde{\mu}(t,\lambda)|=1.$$

如果这些不等式中的一个是严格小于的,那么 $f(t,\lambda)$ 的值会小于 3. 从而这些不等式都是取等,于是 $\gamma(t,\lambda)\cdot\tilde{\gamma}(t,\lambda)=1, v(t,\lambda)\cdot\tilde{v}(t,\lambda)=1, \mu(t,\lambda)\cdot\tilde{\mu}(t,\lambda)=1$ 对于所有的$(t,\lambda)\in I\times\Lambda$ 成立.

那么我们有

$$
\begin{aligned}
|\gamma(t,\lambda)-\tilde{\gamma}(t,\lambda)|^2&=|v(t,\lambda)-\tilde{v}(t,\lambda)|^2\\
&=|\mu(t,\lambda)-\tilde{\mu}(t,\lambda)|^2=0,
\end{aligned}
$$

从而

$$\gamma(t,\lambda)=\widetilde{\gamma}(t,\lambda),v(t,\lambda)=\widetilde{v}(t,\lambda),\mu(t,\lambda)=\widetilde{\mu}(t,\lambda)$$

对于所有的$(t,\lambda)\in I\times\Lambda$成立. □

定理 3.1.10(单参数勒让德曲线族唯一性定理)　设(γ,v)与$(\widetilde{\gamma},\widetilde{v}):I\times\Lambda\to\Delta$是单参数勒让德曲线族,曲率分别为$(m,n,L,M,N)$与$(\widetilde{m},\widetilde{n},\widetilde{L},\widetilde{M},\widetilde{N})$,那么$(\gamma,v)$和$(\widetilde{\gamma},\widetilde{v})$是一致的单参数勒让德曲线族当且仅当$(m,n,L,M,N)$和$(\widetilde{m},\widetilde{n},\widetilde{L},\widetilde{M},\widetilde{N})$相等,那么$(\gamma,v)$和$(\widetilde{\gamma},\widetilde{v})$相等.

证明　假设(γ,v)和$(\widetilde{\gamma},\widetilde{v})$是一致的单参数勒让德曲线族.通过直接计算我们有

$$\begin{aligned}\widetilde{\gamma}_t(t,\lambda)&=\frac{\partial}{\partial t}(A(\gamma(t,\lambda)))=A(\gamma_t(t,\lambda))\\&=m(t,\lambda)A(\mu(t,\lambda))=m(t,\lambda)\mu(t,\lambda),\\\widetilde{v}_t(t,\lambda)&=\frac{\partial}{\partial t}(A(v(t,\lambda)))=A(v_t(t,\lambda))\\&=n(t,\lambda)A(\mu(t,\lambda))=n(t,\lambda)\widetilde{\mu}(t,\lambda),\\\widetilde{\gamma}_\lambda(t,\lambda)&=\frac{\partial}{\partial\lambda}(A(\gamma(t,\lambda)))=A(\gamma_\lambda(t,\lambda))\\&=L(t,\lambda)A(v(t,\lambda))+M(t,\lambda)A(\mu(t,\lambda))\\&=L(t,\lambda)\widetilde{v}(t,\lambda)+M(t,\lambda)\widetilde{\mu}(t,\lambda),\\\widetilde{v}_\lambda(t,\lambda)&=\frac{\partial}{\partial\lambda}(A(v(t,\lambda)))=A(v_\lambda(t,\lambda))\\&=-L(t,\lambda)A(\lambda(t,\lambda))+N(t,\lambda)A(\mu(t,\lambda))\\&=-L(t,\lambda)\widetilde{\gamma}(t,\lambda)+N(t,\lambda)\widetilde{\mu}(t,\lambda).\end{aligned}$$

因此,曲率(m,n,L,M,N)与$(\widetilde{m},\widetilde{n},\widetilde{L},\widetilde{M},\widetilde{N})$相等.

反之,假设(m,n,L,M,N)与$(\widetilde{m},\widetilde{n},\widetilde{L},\widetilde{M},\widetilde{N})$相等.令$(t_0,\lambda_0)\in I\times\Lambda$是初值.由单参数勒让德曲线族是一致的,我们有$\gamma(t_0,\lambda_0)=\widetilde{\gamma}(t_0,\lambda_0)$和$v(t_0,\lambda_0)=\widetilde{v}(t_0,\lambda_0)$.由引理3.1.9,我们有$\gamma(t,\lambda)=\widetilde{\gamma}(t,\lambda)$与$v(t,\lambda)=$

$\widetilde{v}(t,\lambda)$ 对于所有的$(t,\lambda) \in I \times \Lambda$ 成立. □

3.2 单参数勒让德曲线族的包络线

首先我们介绍欧氏平面单位切丛上单参数勒让德曲线的包络线，详细内容请参见文献[77].

我们快速回顾一下包络线的经典定义，分别有隐函数的形式和参数曲线的形式.

令 $I,\Lambda,U\subset\mathbf{R}$. $F:V\times\Lambda\to\mathbf{R},(x,y,\lambda)\mapsto F(x,g,\lambda)$是光滑函数，这里 $V\subset\mathbf{R}^2$.

$$\Gamma(\lambda):=\{(x,y)\in V \mid F(x,y,\lambda)=0\}.$$

我们称$\{\Gamma(\lambda)\}_{\lambda\in\Lambda}$为平面曲线族.

定义 3.2.1[6] 曲线族 F 的包络线 E_1 为

$$E_1:=\{(x,y)\in V \mid F(x,y,\lambda)=F_\lambda(x,y,\lambda)=0\}$$

如果 $F(x,y,\lambda)=F_\lambda(x,y,\lambda)=0$，我们说$(x,y)\in E_1$.

另一方面，$\gamma:I\times\Lambda\to\mathbf{R}^2$，是光滑的单参数平面曲线族. $e_p:U\to I\times\Lambda$，$e_p(u)=(t(u),\lambda(u))$是正则曲线. 我们记 $E_p(u)=\gamma(t(u),\lambda(u))$.

定义 3.2.2[32] 当满足下面的条件时，我们说 E_p 是曲线族 γ 的包络线(e_p 是 γ 的前包络).

(1)(变化条件)函数 λ 在 U 的任何子区间上都不是常值. 即点 $u\in U$ 使得 $\lambda'(u)\neq 0$ 是紧集.

(2)(相切条件)对于所有的 $\forall u\in U$，曲线 E_p 与曲线$\Gamma(\lambda(u))$ 相切于 $t(u)$，即 $E'_p(u)$ 与 $\gamma_t(t(u),\lambda(u))$ 是线性相关的.

对于 $\gamma:I\times\Lambda\to\mathbf{R}^2$，$\gamma$ 的奇点集是 $I\times\Lambda$ 的子集，即

$$\det(\gamma_t,\gamma_\lambda)(t,\lambda)=\det\begin{pmatrix}x_t(t,\lambda) & y_t(t,\lambda)\\ x_\lambda(t,\lambda) & y_\lambda(t,\lambda)\end{pmatrix}=0.$$

这里我们记

$$\lambda_t(t,\lambda)=(\partial_\gamma/\partial t)(t,\lambda)=(x_t(t,\lambda),y_t(t,\lambda)),$$

$$\lambda_\lambda(t,\lambda)=(\partial_\gamma/\partial t)(t,\lambda)=(x_t(t,\lambda),y_t(t,\lambda)),$$

那么包络线定理如下：

定理 3.2.3[32]　设 $\gamma:I\times\Lambda\to\mathbf{R}^2$ 是参数曲线族，$e_p:U\to I\times\Lambda$ 是正则曲线且满足变化条件，那么 e_p 是 γ 的前包络($E_p=\gamma\circ e_p$ 是包络)当且仅当 e_p 的迹包含于 γ 的奇点集.

设 $(\gamma,v):I\times\Lambda\to\mathbf{R}^2\times S^1$ 是单参数勒让德曲线族，曲率为(ℓ,α,L,P,R)，$e:U\to I\times\Lambda,e(u)=(t(u),\lambda(u))$ 是光滑曲线，这里 U 是 $\mathbf{R}$ 的子区间. 我们记 $E_\gamma=\gamma\circ e:U\to S^2,E_\gamma(u)=\gamma\circ e(u)$ 与 $E_v=v\circ e:U\to S^2,E_v(u)=v\circ e(u)$.

定义 3.2.4[77]　我们称 E_γ 是包络(e 是前包络)对于单参数勒让德曲线族(γ,v)，当有下面的条件成立.

(1)函数 λ 在 U 的任何子区间都不是常数(变化条件).

(2)对于所有的 u，曲线 E_γ 在 u 处相切于曲线 $\gamma(t,\lambda)$在参数$(t(u),\lambda(u))$处，也就是说切向量 $E_\gamma'(u)=(\mathrm{d}E/\mathrm{d}u)(u)$ 和 $\mu(t(u),\lambda(u))$是线性相关的(相切条件).

相切条件等价于 $E_\gamma'(u)\cdot v(t(u),\lambda(u))=E_\gamma'(u)\cdot Ev\ (u)=0$ 对于所有的 $u\in U$ 成立.

我们将平直空间的包络线的定义推广到了弯曲空间，考虑了单位球从上单参数球面勒让德曲线族的包络线. 我们探讨了曲线族的包络线与渐缩线、包络线与平行曲线之间的关系，并且得到了很好的结果.

设$(\gamma,v):I\times\Lambda\to\Delta$ 单参数勒让德曲线族，曲率为(m,n,L,M,N)并

有 $e:U\to I\times\Lambda, e(u)=(t(u),\lambda(u))$ 是光滑曲线，这里 U 是 $\mathbf{R}$ 的子区间. 我们记 $E_\gamma=\gamma\circ e:U\to S^2, E_\gamma(u)=\gamma\circ e(u)$ 与 $E_v=v\circ e:U\to S^2, E_v(u)=v\circ e(u)$.

定义 3.2.5 我们称 E_γ 是包络（e 是前包络）对于单参数勒让德曲线族(γ,v)，当有下面的条件成立.

(1)函数 λ 在 U 的任何区间都不是常值（变化条件）.

(2)对于所有的 u，曲线 E_γ 在 u 处与 $\gamma(t,\lambda)$ 在参数$(t(u),\lambda(u))$处相切，也就是说切向量 $E'_\gamma(u)=(\mathrm{d}E/\mathrm{d}u)(u)$ 与 $\mu(t(u),\lambda(u))$ 是线性相关的（相切条件）.

相切条件等价于 $E'_\gamma(u)\cdot v(t(u),\lambda(u))=E'_\gamma(u)\cdot E_v(u)=0$ 对于所有的 $u\in U$ 成立. 因此我们有下面的命题.

命题 3.2.6 设$(\gamma,v):I\times\Lambda\to\Delta$ 是单参数勒让德曲线族，曲率为(m,n,L,M,N). 假设 $e:U\to I\times\Lambda, e(u)=(t(u),\lambda(u))$ 是前包络并有 $E_\gamma=T\circ e:U\to S^2$ 是(T,v)的包络，那么 E_γ 是 frontal. 并且，$(E_\gamma,E_v):U\to\Delta$ 是勒让德曲线，曲率为

$$m_{E_\gamma}(u)=t'(u)m(e(u))+\lambda'(u)M(e(u)),$$

$$n_{E_\gamma}(u)=t'(u)n(e(u))+\lambda'(u)N(e(u)).$$

证明 由定义，则有 $E_\gamma(u)\cdot E_v(u)=T(e(u))\cdot v(e(u))=0$ 对于所有的 $u\in U$ 成立. 因为 E_γ 是包络，$E'_\gamma(u)\cdot E_v(u)=0$ 对于所有的 $u\in U$ 成立，从而$(E_\gamma,E_v):U\to\Delta$ 是勒让德曲线，那么

$$\begin{aligned}m_{E_\gamma}(u)&=E'_\gamma(u)\cdot\mu(e(u))\\&=(t'(u)\gamma_t(e(u))+\lambda'(u)\gamma_\lambda(e(u)))\cdot\mu(e(u))\\&=t'(u)m(e(u))+\lambda'(u)M(e(u)),\end{aligned}$$

$$\begin{aligned}nE_\gamma(u)&=E'_v(u)\cdot\mu(e(u))\\&=(t'(u)v_t(e(u))+\lambda'(u)v_\lambda(e(u)))\cdot\mu(e(u))\end{aligned}$$

$$=t'(u)n(e(u))+\lambda'(u)N(e(u)).$$

由命题3.2.10可知单参数勒让德曲线族的包络的对偶等于对偶的包络,那么我们有下面的包络线定理:

定理3.2.7 设$(\gamma,v):I\times\Lambda\to\Delta$是单参数勒让德曲线族,$e:U\to I\times\Lambda$是光滑曲线且满足变化条件,那么$e$是$(\gamma,v)$的前包络($E_\gamma$是包络)当且仅当$\gamma_\lambda(e(u))\cdot v(e(u))=0$对于所有的$u\in U$成立.

证明 假设e是(γ,v)的前包络.由相切条件,存在函数$c(u)\in\mathbf{R}$使得

$$E'_\gamma(u)=c(u)\mu(e(u)).$$

由微分性质$E_\gamma(u)=\gamma\circ e(u)$,我们有

$$E'_\gamma(u)=t'(u)\lambda_t(e(u))+\lambda'(u)\gamma_\lambda(e(u)).$$

从而有$\lambda_t(t,\lambda)=m(t,\lambda)\mu(t,\lambda)$,使得

$$(t'(u)m(e(u))-c(u))\mu(e(u))+\lambda'(u)\gamma_\lambda(e(u))=0,$$

那么我们有

$$\lambda'(u)\gamma_\lambda(e(u))\cdot v(e(u))=0.$$

由于λ满足变化条件,我们有

$$\gamma_\lambda(e(u))\cdot v(e(u))=0$$

对于所有的$u\in U$成立.

反之,假设$\gamma_\lambda(e(u))\cdot v(e(u))=0$对于所有的$u\in U$成立.由于$E'_\gamma(u)\cdot v(e(u))=(t'(u)\gamma_t(e(u))+\lambda'(u)\gamma_\lambda(e(u)))\cdot v(e(u))=0$,从而$e$是$(\gamma,v)$的前包络. □

由单参数勒让德曲线族的曲率,我们有定理3.2.11的推论.

推论3.2.8 设$(\gamma,v):I\times\Lambda\to\Delta$是单参数勒让德曲线族,曲率为$(m,n,L,M,N)$,设$e:U\to I\times\Lambda$是光滑曲线且满足变化条件,那么$e:U\to I\times\Lambda$是$(T,v)$的前包络($E_\gamma$是包络)当且仅当$L(e(u))=0$对于所

有的 $u \in U$ 成立.

命题 3.2.9 设 $(\gamma,v):I\times\Lambda\to\Delta$ 是单参数勒让德曲线族. 假设 $e:U\to I\times\Lambda$ 是前包络, E_γ 是 (γ,v) 的包络, 那么 $e:U\to I\times\Lambda$ 也是 $(-T,v)$, $(T,-v)$ 和 (v,T) 的前包络. 而且 $-E_\gamma$ 是 $(-T,v)$ 的包络, E_γ 是 $(T,-v)$ 的包络, E_v 是 (v,T) 的包络.

证明 因为 $e:U\to I\times\Lambda$ 是前包络, 我们有 $T_\lambda(e(u))\cdot v(e(u))=0$ 对于所有的 $u\in U$ 成立. 从而有

$$-\gamma_\lambda(e(u))\cdot v(e(u))=0,$$

$$\gamma_\lambda(e(u))\cdot(-v(e(u)))=0,$$

$$v_\lambda(e(u))\cdot T(e(u))=0$$

对于所有的 $u\in U$ 成立. 因此 $e:U\to I\times\Lambda$ 也是 $(-\gamma,v)$, $(T,-v)$ 和 (v,T) 的前包络. 从而 $-E_\gamma=-T\circ e$, $E_\gamma=T\circ e$ 和 $E_v=v\circ e$ 分别是 $(-T,v)$, $(T,-v)$ 与 (v,T) 的包络. □

定义 3.2.10 设映射 $\Phi:\tilde{I}\times\tilde{\Lambda}\to I\times\Lambda$ 为单参数族变换, 如果 Φ 是微分同胚, 则 Φ 可表示为 $\Phi(s,k)=(\varphi(s,k),\Psi(k))$.

命题 3.2.11 设 $(\gamma,v):I\times\Lambda\to\Delta$ 是单参数勒让德曲线族, 曲率为 (m,n,L,M,N). 假设 $\Phi:\tilde{I}\times\tilde{\Lambda}\to I\times\Lambda$ 为参数族变换, 那么 $(\tilde{\gamma},\tilde{v})=(\gamma\circ\Phi,v\circ\Phi):I\times\Lambda\to\Delta$ 也是单参数勒让德曲线族, 曲率为

$$\tilde{m}(s,k)=m(\Phi(s,k))\phi_s(s,k),$$

$$\tilde{n}(s,k)=n(\Phi(s,k))\phi_s(s,k),$$

$$\tilde{L}(s,k)=L(\Phi(s,k))\varphi'(k),$$

$$\tilde{M}(s,k)=m(\Phi(s,k))\phi_k(s,k)+M(\Phi(s,k))\phi'(k),$$

$$\tilde{N}(s,k)=n(\Phi(s,k))\varphi_k(s,k)+N(\Phi(s,k))\phi'(k).$$

如果 $e:U\to I\times\Lambda$ 是前包络, E_γ 是包络, 那么 $\Phi^{-1}\circ e:U\to\tilde{I}\times\tilde{\Lambda}$ 是前包络, $\tilde{E}_\gamma$ 也是 $\tilde{\gamma}$ 的包络.

证明　因为$\widetilde{\gamma}_s(s,k)=\gamma_t(\Phi(s,k))\varphi_s(s,k)$与$\gamma_t(t,\lambda)\cdot v(t,\lambda)=0$对于所有的$(t,\lambda)\in I\times\Lambda$成立，我们有

$$\widetilde{\gamma}_s(s,k)\cdot\widetilde{v}_s(s,k)=0$$

对于所有的$(s,k)\in\widetilde{I}\times\widetilde{\Lambda}$成立. 因此，$(\widetilde{\gamma},\widetilde{v})$是单参数勒让德曲线族. 我们有

$$\begin{aligned}\widetilde{m}(s,k)&=\widetilde{\gamma}_s(s,k)\cdot\widetilde{\mu}(s,k)\\&=\gamma_t(\Phi(s,k))\phi_s(s,k)\cdot\mu(\Phi(s,k))\\&=m(\Phi(s,k))\phi_s(s,k),\end{aligned}$$

$$\begin{aligned}\widetilde{n}(s,k)&=\widetilde{V}_s(s,k)\cdot\widetilde{\mu}(s,k)\\&=v_t(\Phi(s,k))\phi_s(s,k)\cdot\mu(\Phi(s,k))\\&=n(\Phi(s,k))\phi_s(s,k),\end{aligned}$$

$$\begin{aligned}\widetilde{L}(s,k)&=\widetilde{\gamma}_k(s,k)\cdot\widetilde{v}(s,k)\\&=(\gamma_t(\Phi(s,k))\phi_k(s,k)+\gamma_\lambda(\Phi(s,k))\varphi'(k))\cdot\mu(\Phi(s,k))\\&=L(\Phi(s,k))\varphi'(k),\\\widetilde{M}(s,k)&=\widetilde{\gamma}_k(s,k)\cdot\widetilde{\mu}(s,k)\\&=(\lambda_t(\Phi(s,k))\phi_k(s,k)+\gamma_\lambda(\Phi(s,k))\varphi'(k))\cdot\mu(\Phi(s,k))\\&=m(\Phi(s,k))\phi_k(s,k)+M(\Phi(s,k))\varphi'(k),\end{aligned}$$

$$\begin{aligned}\widetilde{N}(s,k)&=\widetilde{v}_k(s,k)\cdot\widetilde{\mu}(s,k)\\&=(v_t(\Phi(s,k))\phi_k(s,k)+v_\lambda(\Phi(s,k))\varphi'(k))\cdot\mu(\Phi(s,k))\\&=n(\Phi(s,k))\phi_k(s,k)+N(\Phi(s,k))\varphi'(k).\end{aligned}$$

由微分同胚形式$\Phi(s,k)=(\phi(s,k),\varphi(k))$，$\Phi^{-1}:I\times\Lambda\to\widetilde{I}\times\widetilde{\Lambda}$为

$$\Phi^{-1}(t,\lambda)=(\psi(t,\lambda),\Psi^{-1}(\lambda)).$$

从而$\Phi^{-1}\circ e(u)=(\psi(t(u),\lambda(u)),\Psi^{-1}(\lambda(u)))$. 因为

$$(\mathrm{d}/\mathrm{d}u)\varphi^{-1}(\lambda(u))=\Psi_\lambda^{-1}(\lambda(u))\lambda'(u),$$

变换条件成立.而且,我们有

$$\begin{aligned}\tilde{\gamma}k(s,k)\cdot v(s,k) &= (\gamma_t(\Phi(s,k))\phi_k(s,k)\\ &\quad + \gamma_\lambda(\Phi(s,k))\varphi'(k))\cdot v(\Phi(s,k))\\ &= \varphi'(k)\gamma_\lambda(\Phi(s,k))\cdot v(\Phi(s,k)).\end{aligned}$$

从而

$$\tilde{\gamma}_k(\varphi^{-1}\circ e(u))\cdot\tilde{v}(\varphi^{-1}\circ e(u)) = \varphi'(\varphi^{-1}(\lambda(u)))\gamma_\lambda(e(u))\cdot v(e(u)) = 0$$

对于所有的 $u\in U$ 成立.由定理 3.2.11,$\Phi^{-1}\circ e$ 是$(\tilde{\gamma},\tilde{v})$的前包络.因此,

$$\tilde{\gamma}\circ\Phi^{-1}\circ e = \gamma\circ\Phi\circ\Phi^{-1}\circ e = \gamma\circ e = E_\gamma$$

也是$(\tilde{\gamma},\tilde{v})$的包络.

定义 3.2.12 设$(\gamma,v):I\times\Lambda\to\Delta$ 是勒让德曲线族,我们定义单参数勒让德曲线族的平行曲线

$$\gamma^\theta(t,\lambda) = \cos\theta\gamma(t,\lambda) - \sin\theta v(t,\lambda),$$

$$v^\theta(t,\lambda) = \sin\theta\gamma(t,\lambda) + \cos\theta_v(t,\lambda).$$

命题 3.2.13 设$(\gamma,v):I\times\Lambda\to\Delta$ 是单参数勒让德曲线族,曲率为(m,n,L,M,N),那么$(\gamma^\theta,v^\theta):I\times\Lambda\to\Delta$ 也是单参数勒让德曲线族,曲率为

$$m^\theta(t,\lambda) = \cos\theta m(t,\lambda) - \sin\theta n(t,\lambda),$$

$$n^\theta(t,\lambda) = \sin\theta m(t,\lambda) + \cos\theta n(t,\lambda),$$

$$L^\theta(t,\lambda) = L(t,\lambda),$$

$$M^\theta(t,\lambda) = \cos\theta M(t,\lambda) - \sin\theta N(t,\lambda),$$

$$N^\theta(t,\lambda) = \sin\theta M(t,\lambda) + \cos\theta N(t,\lambda).$$

如果 $e:U\to I\times\Lambda$ 是(γ,v)的前包络,那么 $e:U\to I\times\Lambda$ 也是(γ^θ,v^θ)的前包络.而且,我们有$(E_\gamma^\theta(u),E_v^\theta(u))=(E_{\gamma^\theta}(u),E_{v^\theta}(u))$对于所有的 $u\in U$ 成立,这里$(E_\gamma^\theta,E_v^\theta)$是$(E_\gamma,E_v)$的平行曲线,并且$(E_{\gamma^\theta},E_{\gamma^\theta})=(\gamma^\theta\circ e,v^\theta\circ e)$.

证明 因为$(\gamma,v):I\times\Lambda\to\Delta$ 是单参数勒让德曲线族,$\gamma_t(t,\lambda)\cdot$

$v(t,\lambda)=0$对于所有的$(t,\lambda)\in I\times\Lambda$ 成立. 从而有 $\gamma_t^\theta(t,\lambda)\cdot v^\theta(t,\lambda)=0$ 对于所有的$(t,\lambda)\in I\times\Lambda$ 成立. 因此$(\gamma^\theta,v^\theta):I\times\Lambda\to\Delta$ 也是单参数勒让德曲线族. 由定义,

$$
\begin{aligned}
\mu^\theta(t,\lambda) &= \gamma^\theta(t,\lambda)\times v^\theta(t,\lambda)\\
&=(\cos\theta\gamma(t,\lambda)-\sin\theta v(t,\lambda))\times(\sin\theta_\gamma(t,\lambda)+\cos\theta v(t,\lambda))\\
&=\mu(t,\lambda).
\end{aligned}
$$

因此,我们有

$$
\begin{aligned}
m^\theta(t,\lambda) &= \gamma_t^\theta(t,\lambda)\cdot\mu^\theta(t,\lambda) = \cos\theta m(t,\lambda)-\sin\theta n(t,\lambda),\\
n^\theta(t,\lambda) &= v_t^\theta(t,\lambda)\cdot\mu^\theta(t,\lambda) = \sin\theta m(t,\lambda)+\cos\theta n(t,\lambda),\\
L^\theta(t,\lambda) &= \gamma_\lambda^\theta(t,\lambda)\cdot v^\theta(t,\lambda) = L(t,\lambda),\\
M^\theta(t,\lambda) &= \gamma_\lambda^\theta(t,\lambda)\cdot\mu^\theta(t,\lambda) = \cos\theta M(t,\lambda)-\sin\theta N(t,\lambda),\\
N^\theta(t,\lambda) &= \gamma_\lambda^\theta(t,\lambda)\cdot\mu^\theta(t,\lambda) = \sin\theta M(t,\lambda)+\cos\theta N(t,\lambda).
\end{aligned}
$$

因为 $e:U\to I\times\Lambda$ 是(γ,v)的前包络,我们有 $\gamma_\lambda(e(u))\cdot v(e(u))=0$ 对于所有的 $u\in U$ 成立. 从而有 $\gamma_\lambda^\theta(e(u))\cdot v^\theta(e(u))=0$ 对于所有的 $u\in U$ 成立. 因此由定理 4.1.11 $e:U\to I\times\Lambda$ 是(γ^θ,v^θ)的前包络. 而且,

$$
\begin{aligned}
E_\gamma^\theta(u) &= \cos\theta E_\gamma(u)-\sin\theta E_v(u)\\
&= \cos\theta_\gamma\circ e(u)-\sin\theta_v\circ e(u),
\end{aligned}
$$

$$
E_v^\theta(u) = \sin\theta E_\gamma(u)+\cos\theta E_v(u) = \sin\theta_\gamma\circ e(u)+\cos\theta_v\circ e(u),
$$

$$
\begin{aligned}
E_{\gamma^\theta}(u) &= \gamma^\theta\circ e(u)\\
&=(\cos\theta_\gamma-\sin\theta_v)\circ e(u)\\
&=\cos\theta_\gamma\circ e(u)-\sin\theta_V\circ e(u),
\end{aligned}
$$

$$
\begin{aligned}
E_{v^\theta}(u) &= V^\theta\circ e(u)\\
&=(\sin\theta_\gamma+\cos\theta_v)\circ e(u)\\
&=\sin\theta_\gamma\circ e(u)+\cos\theta_v\circ e(u).
\end{aligned}
$$

因此,我们有$(E_\gamma^\theta(u),E_v^\theta(u))=(E_{\gamma^\theta}(u),E_{v^\theta}(u))$对于所有的 $u\in U$ 成立. □

现在我们定义单位球丛上单参数勒让德曲线族的渐缩线.

定义 3.2.14 设$(\gamma,v):I\times\Lambda\to\Delta$是单参数勒让德曲线族,曲率为$(m,n,L,M,N)$.假设$(m(t,\lambda),n(t,\lambda))\neq(0,0)$对于所有的$(t,\lambda)\in I\times\Lambda$成立.我们定义单参数勒让德曲线族$(\gamma,v)$的渐缩线为

$$\begin{aligned}\varepsilon(\gamma)(t,\lambda)=&\pm\frac{n(t,\lambda)}{\sqrt{m^2(t,\lambda)+n^2(t,\lambda)}}T(t,\lambda)\\&\mp\frac{m(t,\lambda)}{\sqrt{m^2(t,\lambda)+n^2(t,\lambda)}}v(t,\lambda).\end{aligned}$$

命题 3.2.15 设$(\gamma,v):I\times\Lambda\to\Delta$是单参数勒让德曲线族,曲率为$(m,n,L,M,N)$.假设$(m(t,\lambda),n(t,\lambda))\neq(0,0)$,对于所有的$(t,\lambda)\in I\times\Lambda$成立,那么$(\gamma,v)$的渐缩线$(\varepsilon(\gamma),\mu):I\times\Lambda\to\Delta$也是单参数勒让德曲线族,曲率为$(m_\varepsilon,n_\varepsilon,L_\varepsilon,M_\varepsilon,N_\varepsilon)$,这里

$$m_\varepsilon(t,\lambda)=\frac{m_tn-mn_t}{m^2+n^2}(t,\lambda),$$

$$n_\varepsilon(t,\lambda)=\pm\sqrt{m^2+n^2}(t,\lambda),$$

$$L_\varepsilon(t,\lambda)=\pm\frac{nM-mN}{\sqrt{m^2+n^2}}(t,\lambda),$$

$$M_\varepsilon(t,\lambda)=\frac{m_\lambda n-mn_\lambda-L(m^2+n^2)}{m^2+n^2}(t,\lambda),$$

$$N_\varepsilon(t,\lambda)=\pm\frac{mM+nN}{\sqrt{m^2+n^2}}(t,\lambda).$$

如果$e:U\to I\times\Lambda$是(γ,v)的前包络并且$(nM-mN)\circ(e(u))=0$对于所有的$u\in U$成立,那么$e:U\to I\times\Lambda$也是$(\varepsilon(\gamma),\mu)$的前包络.而且,我们有$E_{\varepsilon(\gamma)}(u)=\varepsilon_{E_\gamma}(u)$对于所有的$u\in U$成立,这里$E_{\varepsilon(\gamma)}$是$\varepsilon(\gamma)$的包络,$\varepsilon_{E_\gamma}$是$E_\gamma$的渐缩线.

证明 因为$(\gamma,v):I\times\Lambda\to\Delta$是单参数勒让德曲线族并且$\{\gamma(t,\lambda),v(t,\lambda),\mu(t,\lambda)\}$是frontal$\gamma(t,\lambda)$的活动标架,我们有$\varepsilon(\gamma)(t,\lambda)\cdot\mu(t,\lambda)$

$=0$，$\varepsilon_t(\gamma)(t,\lambda)\cdot\mu(t,\lambda)=0$ 对于所有的 $(t,\lambda)\in I\times\Lambda$ 成立. 因此 $(\varepsilon(\gamma),\mu):I\times\Lambda\to\Delta$ 是单参数勒让德曲线族. 我们记 $(\lambda_\varepsilon,v_\varepsilon)=(\varepsilon(\gamma),\mu)$. 由定义

$$\mu_\varepsilon(t,\lambda)=\gamma_\varepsilon(t,\lambda)\times v_\varepsilon(t,\lambda)$$

$$=\mp\frac{m(t,\lambda)}{\sqrt{m^2(t,\lambda)+n^2(t,\lambda)}}\gamma(t,\lambda)\pm\frac{n(t,\lambda)}{\sqrt{m^2(t,\lambda)+n^2(t,\lambda)}}v(t,\lambda),$$

因此，

$$m_\varepsilon(t,\lambda)=\gamma_{\varepsilon_t}(t,\lambda)\cdot\mu_\varepsilon(t,\lambda)=\frac{m_tn-mn_t}{m^2+n^2}(t,\lambda),$$

$$n_\varepsilon(t,\lambda)=v_{\varepsilon_t}(t,\lambda)\cdot\mu_\varepsilon(t,\lambda)=\pm\sqrt{m^2+n^2}(t,\lambda),$$

$$L_\varepsilon(t,\lambda)=\gamma_{\varepsilon_\lambda}(t,\lambda)\cdot v_\varepsilon(t,\lambda)=\pm\frac{nN-mM}{\sqrt{m^2+n^2}}(t,\lambda),$$

$$M_\varepsilon(t,\lambda)=\gamma_{\varepsilon_\lambda}(t,\lambda)\cdot\mu_\varepsilon(t,\lambda)=\frac{m_\lambda n-mn_\lambda-L(m^2+n^2)}{m^2+n^2}(t,\lambda),$$

$$N_\varepsilon(t,\lambda)=v_{\varepsilon_\lambda}(t,\lambda)\cdot\mu_\varepsilon(t,\lambda)=\pm\frac{mM+nN}{\sqrt{m^2+n^2}}(t,\lambda).$$

因为 $(nM-mN)\circ(e(u))=0$ 对于所有的 $u\in U$ 成立，我们有

$$\varepsilon(\gamma)_\lambda(e(u))\cdot\mu(e(u))=\pm\frac{nM-mN}{\sqrt{m^2+n^2}}\circ e(u)=0.$$

由定理 3.2.11，$e:U\to I\times\Lambda$ 是 $(\varepsilon(\gamma),\mu)$ 的前包络. $\varepsilon(\gamma)$ 的包络为

$$E_{\varepsilon(\gamma)}(u)=\varepsilon(\gamma)\circ e(u)$$

$$=\left(\pm\frac{m}{\sqrt{m^2+n^2}}\gamma\mp\frac{n}{\sqrt{m^2+n^2}}v\right)\circ e(u)$$

$$=\pm\frac{m}{\sqrt{m^2+n^2}}(e(u))\gamma(e(u))\mp\frac{n}{\sqrt{m^2+n^2}}(e(u))v(e(u)).$$

另一方面，由命题 3.2.10，E_γ 的渐缩线为

$$\varepsilon_{E_\gamma}=\pm\frac{mE_\gamma(u)}{\sqrt{m^2_{E_\gamma}(u)+n^2_{E_\gamma}(u)}}E_\gamma(u)\mp\frac{nE_\gamma(u)}{\sqrt{m^2_{E_\gamma}(u)+n^2_{E_\gamma}(u)}}E_v(u)$$

$$=\pm\frac{t'm+\lambda'M}{\sqrt{(t'm+\lambda'M)^2+(t'n+\lambda'N)^2}}(e(u))\gamma(e(u))$$

$$\mp\frac{t'n+\lambda'N}{\sqrt{(t'm+\lambda'M)^2+(t'n+\lambda'N)^2}}(e(u))\nu(e(u)).$$

因为$(nM-mN)(e(u))=0$对于所有的$u\in U$成立，我们有

$$(t'm+\lambda'M)^2(m^2+n^2)(e(u))$$
$$=m^2((t'm+\lambda'M)^2+(t'n+\lambda'N)^2)(e(u))),$$
$$(t'n+\lambda'N)^2(m^2+n^2)(e(u))$$
$$=n^2((t'm+\lambda'M)^2+(t'n+\lambda'N)^2)(e(u)),$$

那么

$$\frac{t'm+\lambda'M}{\sqrt{(t'm+\lambda'M)^2}+(t'n+\lambda'N)^2}(e(u))=\frac{m}{\sqrt{m^2+n^2}}(e(u)),$$

$$\frac{t'n+\lambda'N}{\sqrt{(t'm+\lambda'M)^2+(t'n+\lambda N)^2}}(e(u))=\frac{n}{\sqrt{m^2+n^2}}(e(u)).$$

因此，我们有$E_{\varepsilon(\gamma)}(u)=\varepsilon_{E_\gamma}(u)$对于所有的$u\in U$成立.

3.3 例　　子

例 3.3.1　设$(\gamma,\nu):[0,2\pi)\times[0,2\pi)\to\Delta$是光滑映射，则

$$\gamma(t,\theta)=\left(\cos\theta\left(\frac{3}{4}\cos t-\frac{1}{4}\cos 3t\right)-\frac{3}{2}\sin\theta\cos t)-\frac{\sqrt{3}}{2}\sin t-\frac{1}{4}\sin 3t,\right.$$
$$\left.\frac{\sqrt{3}}{2}\cos\theta\cos t+\sin\theta\left(\frac{3}{4}\cos t-\frac{1}{4}\cos 3t\right)\right),$$

$$\nu(t,\theta)=\left(\cos\theta\left(-\frac{3}{4}\sin t-\frac{1}{4}\sin 3t\right)-\frac{\sqrt{3}}{2}\sin\theta\sin t,\frac{3}{4}\cos t+\frac{1}{4}\cos 3t,\right.$$

$$\frac{\sqrt{3}}{2}\cos\theta\sin t-\sin\theta\left(\frac{\sqrt{3}}{2}\sin t+\frac{1}{4}\sin 3t\right)\Bigg),$$

那么(γ,v)是勒让德曲线.由定义

$$\begin{aligned}&\mu(t,\theta)\\&=\gamma(t,\theta)\times v(t,\theta)\\&=\Bigg(-\frac{3\sqrt{3}}{4}\cos\theta\cos 2t-\frac{\sqrt{3}}{8}\cos\theta\cos 2t+\frac{3\sqrt{3}}{8}\cos\theta-\frac{1}{2}\sin\theta,-\sqrt{3}\sin t\cos t,\\&\quad-\frac{3\sqrt{3}}{4}\sin\theta\cos 2t-\frac{\sqrt{3}}{8}\sin\theta\cos 2t+\frac{3\sqrt{3}}{8}\sin\theta+\frac{1}{2}\cos\theta\Bigg),\end{aligned}$$

那么曲率为

$$m(t,\theta)=\frac{\sqrt{3}}{32}(96\sin t\cos^4 t-54\sin t\cos 2t+9\sin t\cos t\cos 3t$$

$$-33\sin 3t\cos^2 t-20\sin t+12\sin 3t),$$

$$n(t,\theta)=\frac{\sqrt{3}}{8}(6\cos t\cos 2t+5\cos t-3\cos 3t),$$

$$L(t,\theta)=\sqrt{3}\sin t\cos t,$$

$$M(t,\theta)=\frac{9}{8}(2\cos^2 t-1)-\frac{1}{8}\cos 3t,$$

$$N(t,\theta)=\frac{3}{4}\sin t\cos 2t+1\frac{1}{16}\sin 3t-\frac{15}{16}\sin t.$$

如果我们取

$$e:[0,2\pi)\to[0,2\pi)\times[0,2\pi),$$

$$e(u)=(0,u),(\pi/2,u),(\pi,u),(3\pi/2,u),$$

那么我们有 $L(e(u))=0$ 对于所有的 $u\in[0,2\pi)$成立.从而,e 是(γ,v)的前包络.因此,包络为 $E_\gamma:[0,2\pi)\to S^2$

$$E_\gamma=(1/2\cos u-\sqrt{3}/2\sin u,0,1/2\sin u+\sqrt{3}/2\cos u),(0,1,0),$$

$$(-1/2\cos u+\sqrt{3}/2\sin u,0,-1/2\sin u-\sqrt{3}/2\cos u),(0,-1,0),$$

见图 3.1.

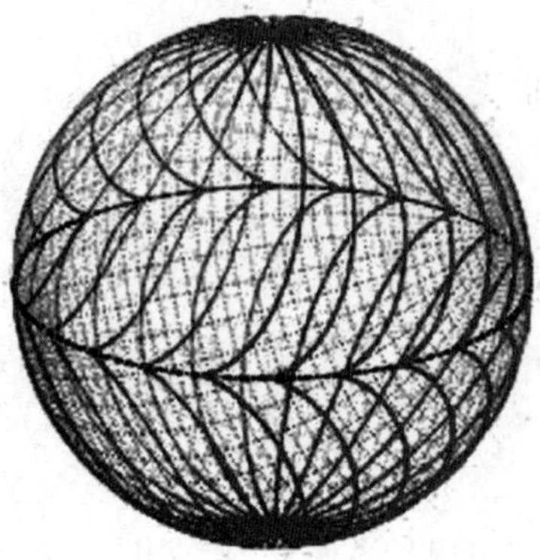

图 3.1 γ 与 E_γ

例 3.3.2 令 n,m 和 k 是自然数并且 $m=k+n$. 我们给出映射 $(\gamma,v):\mathbf{R}\times[0,2\pi)\to\Delta$ 为

$$\gamma(t,\theta)=\frac{1}{\sqrt{t^{2m}+t^{2n}-1}}(\cos\theta-t^n\sin\theta,\sin\theta+t^n\cos\theta,t^m),$$

$$v(t,\theta)=\frac{1}{\sqrt{k^2t^{2m}+m^2t^{2k}+n^2}}(kt^m\cos\theta+mt^k\sin\theta,kt^m\sin\theta-mt^k\cos\theta,n),$$

那么 $(\gamma,v):R\times[0,2\pi)\to\Delta$ 是单参数勒让德曲线族. 由定义,

$$\begin{aligned}\mu(t,\theta)&=\gamma(t,\theta)\times v(t,\theta)\\&=\frac{1}{\sqrt{t^{2m}+t^{2n}+1}\sqrt{k^2t^{2m}+m^2t^{2k}+n^2}}\\&\quad(t^n(mt^{2k}+n)\cos\theta+(-kt^{2m}+n)\sin\theta,\\&\quad t^n(mt^{2k}+n)\sin\theta+(kt^{2m}-n)\cos\theta,-kt^{2n+k}-mt^k),\end{aligned}$$

那么曲率为

$$m(t,\theta)=-\frac{t^{n-1}\sqrt{k^2t^{2m}+m^2t^{2k}+n^2}}{t^{2m}+t^{2n}+1},$$

$$n(t,\theta)=\frac{mnkt^{k-1}}{k^2t^{2m}+m^2t^{2k}+n^2},$$

$$L(t,\theta)=-\frac{mt^{k}+kt^{m+n}}{\sqrt{t^{2m}+t^{2n}+1}\sqrt{k^{2}t^{2m}+m^{2}t^{2k}+n^{2}}},$$

$$M(t,\theta)=\frac{-n}{\sqrt{k^{2}t^{2m}+m^{2}t^{2k}+n^{2}}},$$

$$N(t,\theta)=\frac{t^{m}}{\sqrt{t^{2m}+t^{2n}+1}},$$

如果我们取 $e:[0,2\pi)\to R\times[0,2\pi),e(u)=(0,u)$，那么我们有 $L(e(u))=0$ 对于所有的 $u\in[0,2\pi)$ 成立. 因此，e 是 (γ,v) 的前包络. 从而，包络 $E_\gamma:[0,2\pi)\to S^2$ 为

$$E_\gamma(u)=(\cos u,\sin u,0).$$

例如，当 $n=2,m=3,k=1$，我们有

$$\gamma(t,\theta)=\frac{1}{\sqrt{t^{6}+t^{4}+1}}(\cos\theta-t^{2}\sin\theta,\sin\theta+t^{2}\cos\theta,t^{3}),$$

$$v(t,\theta)=\frac{1}{\sqrt{t^{6}+9t^{2}+4}}(t^{3}\cos\theta+3t\sin\theta,t^{3}\sin\theta-3t\cos\theta,2).$$

由定义，

$$\begin{aligned}\mu(t,\theta)&=\gamma(t,\theta)\times v(t,\theta)\\&=\frac{1}{\sqrt{t^{6}+t^{4}+1}\sqrt{t^{6}+9t^{2}+4}}(t^{2}(3t^{2}+2)\cos\theta+(-t^{6}+2)\sin\theta,\\&\quad t^{2}(3t^{2}+2)\sin\theta+(t^{6}-2)\cos\theta,-t^{5}-3t),\end{aligned}$$

那么曲率

$$m(t,\theta)=\frac{-t\sqrt{t^{6}+9t^{2}+4}}{t^{6}+t^{4}+1},$$

$$n(t,\theta)=\frac{6\sqrt{t^{6}+t^{4}+1}}{t^{6}+9t^{2}+4},$$

$$L(t,\theta)=\frac{-t^{5}-3t}{\sqrt{t^{6}+9t^{2}+4}\sqrt{t^{6}+t^{4}+1}},$$

$$M(t,\theta)=\frac{-2}{\sqrt{t^6+9t^2+4}},$$

$$N(t,\theta)=\frac{t^3}{\sqrt{t^6+t^4+1}}.$$

包络 $E_\gamma:[0,2\pi)\to S^2$ 为 $E_\gamma(u)=(\cos u,\sin u,0)$，见图 3.2. 平行曲线的包络为 $E_\gamma(u)$，对于 $\lambda=\pi/6$ 是 $E_\gamma^{\frac{\pi}{6}}(u)=(\sqrt{3}/2\cos u,\sqrt{3}/2\sin u,-1/2)$.

(γ,v) 的平行曲线为

$$\begin{aligned}\gamma^{\frac{\pi}{6}}&=\cos\frac{\pi}{6}\gamma(t,\theta)-\sin\frac{\pi}{6}v(t,\theta)\\&=\left(\frac{\sqrt{3}(\cos\theta-t^2\sin\theta)}{2\sqrt{t^6+t^2+1}}-\frac{t^3\cos\theta+3t\sin\theta}{2\sqrt{t^6+9t^2+4}},\frac{\sqrt{3}(\sin\theta+t^2\cos\theta)}{2\sqrt{t^6+t^4+1}}\right.\\&\quad\left.-\frac{t^3\sin\theta-3t\cos\theta}{2\sqrt{t^6+9t^2+4}},\frac{\sqrt{3}t^3}{2\sqrt{t^6+t^4+1}}-\frac{1}{\sqrt{t^6+9t^2+4}}\right),\end{aligned}$$

那么平行曲线的包络线为 $E_{\gamma^{\frac{\pi}{6}}}(u)=(\sqrt{3}/2\cos u,\sqrt{3}/2\sin u,-1/2)$.

因此，我们有 $E_\gamma^{\frac{\pi}{6}}(u)=E_{\gamma^{\frac{\pi}{6}}}(u)$ 对于所有的 $u\in U$ 成立.

图 3.3 所示是将这些曲线呈现在一个球面上.

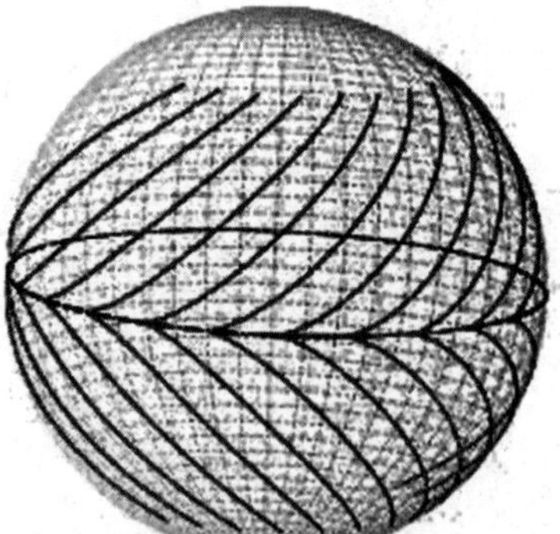

图 3.2　γ 与 E_γ

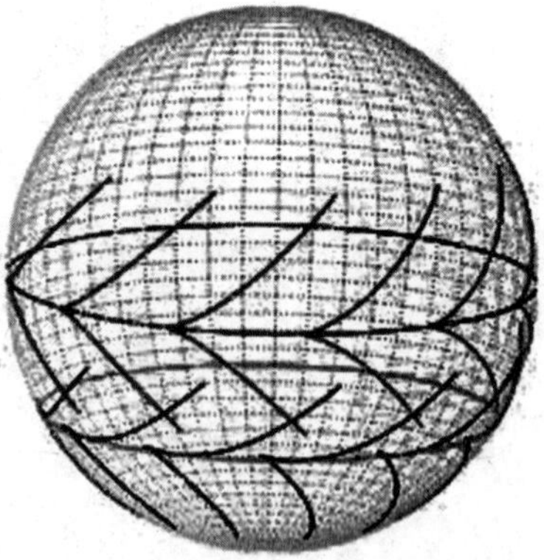

图 3.3　γ 与 E_γ 以及平行曲线及其包络线

第 4 章　单参数标架曲线族及其包络线

这一章我们介绍欧氏空间中的单参数标架曲线及其包络线. 特别地,着重探讨了标架空间曲线的包络线的性质.

4.1　欧氏空间中单参数标架曲线族及其包络线

首先回顾一下欧氏空间中标架曲线的概念. 详细内容可参见文献[37].

设$(\gamma,v):I\to\mathbf{R}^n\times\Delta_{n-1}$是光滑曲线,如果$\dot\gamma(t)\cdot v_i(t)=0$对于所有的$t\in I$成立,$i=1,\cdots,n-1$. 我们称$(\gamma,v)$是标架曲线,$\gamma$是 frontal 并且$v$是$\gamma$的对偶. 我们定义$\mu:I\to S^{n-1}$为$\mu(t)=v_1(t)\times\cdots\times v^{n-1}(t)$. 由定义,$(v(t),\mu(t))\in\Delta_n$对于所有的$t\in I$成立,并且我们称$\{v(t),\mu(t)\}$是 frontal$\gamma(t)$的活动标架,那么有弗雷内公式:

$$\begin{pmatrix}\dot v(t)\\ \dot\mu(t)\end{pmatrix}=A(t)\begin{pmatrix}v(t)\\ \mu(t)\end{pmatrix},$$

这里$A(t)=(\alpha_{ij}(t))\in o(n)$,$i,j=1,\cdots,n$与$o(n)$为反对称矩阵集合. 存在光滑映射$\alpha:I\to\mathbf{R}$使得

$$\dot\gamma(t)=\alpha(t)\mu(t).$$

我们说函数组$(\alpha_{ij}(t),\alpha(t))$是标架曲线$(\gamma,v)$的曲率.

定义 4.1.1[37] 设$(\gamma,v),(\tilde{\gamma},\tilde{v}):I\to\mathbf{R}^n\times\Delta_{n-1}$是标架曲线. 我们说$(T,v)$与$(\tilde{\gamma},\tilde{v})$是叠合的标架曲线，如果存在特殊正交矩阵 $\boldsymbol{X}\in SO(n)$与常向量 $\boldsymbol{x}\in\mathbf{R}^n$ 使得$\tilde{\gamma}(t)=\boldsymbol{X}(\gamma(t))+\boldsymbol{x},\tilde{v}(t)=\boldsymbol{X}(v(t))$对于所有的$t\in I$成立，那么利用曲率我们有标架曲线的存在性和唯一性定理.

定理 4.1.2[37]（标架曲线的存在性定理） 设$(\alpha_{ij},\alpha):I\to o(n)\times\mathbf{R}$是光滑映射. 存在标架曲线$(\gamma,v):I\to\mathbf{R}^n\times\Delta_{n-1}$，它的曲率为$(\alpha_{ij},\alpha)$.

定理 4.1.3[37]（标架曲线的唯一性定理） 设(γ,v)与$(\tilde{\gamma},\tilde{v}):I\to\mathbf{R}^n\times\Delta_{n-1}$是标架曲线，曲率分别是$(\alpha_{ij},\alpha)$与$(\tilde{\alpha}_{ij},\tilde{\alpha})$. 那么$(\gamma,v)$与$(\tilde{\gamma},\tilde{v})$是一致的标架曲线当且仅当$(\alpha_{ij},\alpha)$与$(\tilde{\alpha}_{ij},\tilde{\alpha})$相等.

现在介绍本书得到的重要结论，即欧氏空间的单参数标架曲线族的概念. 我们记 I 与 Λ 是 $\mathbf{R}$ 的区间.

定义 4.1.4 设$(\gamma,v):I\times\Lambda\to\mathbf{R}^n\times\Delta_{n-1}$是光滑映射. 我们说$(\gamma,v)$是单参数标架曲线族，如果 $\gamma_t(t,\lambda)\cdot v_i(t,\lambda)=0$ 对于所有的$(t,\lambda)\in I\times\Lambda$成立，$i=1,\cdots,n-1$，这里 $v=(v_1,\cdots,v_{n-1})$.

由定义，$(\gamma(\cdot,\lambda),v(\cdot,\lambda)):I\to\mathbf{R}^n\times\Delta_{n-1}$对于每一个 $\lambda\in\Lambda$ 都是标架曲线. 很容易验证$(-\gamma,v)$与$(\gamma,-v)$也是单参数标架曲线族.

我们定义 $\mu(t,\lambda)=v_1(t,\lambda)\times\cdots\times v_{n-1}(t,\lambda)$，那么$\{v(t,\lambda),\mu(t,\lambda)\}$是 $\gamma(t,\lambda)$ 的活动标架. 我们有弗雷内公式：

$$\begin{pmatrix}v_t(t,\lambda)\\ \mu_t(t,\lambda)\end{pmatrix}=A(t,\lambda)\begin{pmatrix}v(t,\lambda)\\ \mu(t,\lambda)\end{pmatrix},\gamma_t(t,\lambda)=\alpha(t,\lambda)\mu(t,\lambda),$$

$$\begin{pmatrix}v_\lambda(t,\lambda)\\ \mu_\lambda(t,\lambda)\end{pmatrix}=B(t,\lambda)\begin{pmatrix}v(t,\lambda)\\ \mu(t,\lambda)\end{pmatrix},\gamma_\lambda(t,\lambda)=P(t,\lambda)\begin{pmatrix}v(t,\lambda)\\ \mu(t,\lambda)\end{pmatrix},$$

这里 $A(t,\lambda)=(\alpha_{ij}(t,\lambda)),B(t,\lambda)=(\beta_{ij}(t,\lambda))\in o(n),i,j=1,\cdots,n$ 与 $p:I\times\Lambda\to\mathbf{R}^n,P(t,\lambda)=(P_1(t,\lambda),\cdots,P_n(t,\lambda))$.

由 $\gamma_{t\lambda}(t,\lambda)=\gamma_{\lambda t}(t,\lambda),v_{\lambda t}(t,\lambda)=v_{\lambda t}(t,\lambda)$ 与 $\mu_{t\lambda}(t,\lambda)=\mu_{\lambda t}(t,\lambda)$，我们

有

$$A_\lambda(t,\lambda)+A(t,\lambda)B(t,\lambda)=B_t(t,\lambda)+B(t,\lambda)A(t,\lambda) \quad (4.1.1)$$

从而积分条件为

$$(\alpha_{ij}(t,\lambda))_\lambda+(\alpha_{ij}(t,\lambda))(\beta_{ij}(t,\lambda))$$
$$=(\beta_{ij}(t,\lambda))_t+(\beta_{ij}(t,\lambda))(\alpha_{ij}(t,\lambda)),$$

$$\alpha(t,\lambda)\beta_{ni}(t,\lambda)=(P_i)_t(t,\lambda)+\sum_{j=1}^{n}P_j(t,\lambda)\alpha_{ji}(t,\lambda),(i=1,\cdots,n-1),$$

$$\alpha_\lambda(t,\lambda)+\alpha(t,\lambda)\beta_{nn}(t,\lambda)=(P_n)_t(t,\lambda)+\sum_{j=1}^{n}P_j(t,\lambda)\alpha_{jn}(t,\lambda)$$

$$(4.1.2)$$

对于所有的$(t,\lambda)\in I\times\Lambda$成立. 我们称带着积分条件(4.1.2)的函数组$(\alpha_{ij},\beta_{ij},\alpha,P_1,\cdots,P_n)$为单参数标架曲线族的曲率.

定义 4.1.5 设(γ,v)与$(\tilde{\gamma},\tilde{v}):I\times\Lambda\to\mathbf{R}^n\times\Delta_{n-1}$是单参数标架曲线族. 我们说$(\gamma,v)$与$(\tilde{\gamma},\tilde{v})$是叠合的单参数标架曲线族,如果存在特殊正交矩阵$\boldsymbol{X}\in SO(n)$与常向量$\boldsymbol{x}\in\mathbf{R}^n$使得

$$\tilde{\gamma}(t,\lambda)=\boldsymbol{X}(\gamma(t,\lambda))+\boldsymbol{x},\tilde{v}(t,\lambda)=\boldsymbol{X}(v(t,\lambda))$$

对于所有的$(t,\lambda)\in I\times\Lambda$成立.

进而我们有下面的存在性和唯一性定理.

定理 4.1.6(单参数标架曲线族的存在性定理) 设$(\alpha_{ij},\beta_{ij},\alpha,P_1,\cdots,P_n):I\times\Lambda\to o(n)\times o(n)\times\mathbf{R}^{n+1}$是光滑映射并满足积分条件. 存在单参数标架曲线族$(\gamma,v):I\times\Lambda\to\mathbf{R}^n\times\Delta_{n-1}$,它的曲率为$(\alpha_{ij},\beta_{ij},\alpha,P_1,\cdots,P_n)$.

证明 赋予参数初值$t=t_0,\lambda=\lambda_0$. 我们考虑初值问题,

$$F_t(t,\lambda)=A(t,\lambda)F(t,\lambda),F_\lambda(t,\lambda)=B(t,\lambda)F(t,\lambda),F(t_0,\lambda_0)=\boldsymbol{I}_n,$$

这里$F(t,\lambda)\in M(n)$,$A(t,\lambda)=(\alpha_{ij}(t,\lambda))$,$B(t,\lambda)=(\beta_{ij}(t,\lambda))\in o(n)$,$i,j=1,\cdots,n$,$\boldsymbol{M}(n)$是$n\times n$阶矩阵集,$\boldsymbol{I}_n$是单位阵,那么我们考虑

$$F_{t\lambda}=A_\lambda F+AF_\lambda=A_\lambda F+ABF=(A_\lambda+AB)F,$$

$$F_{\lambda t} = B_t F + BF_t = B_t F + BAF = (B_t + BA)F.$$

由积分条件 $A_\lambda + AB = B_t + BA$，我们有 $F_{t\lambda} = F_{\lambda t}$. 因为 $I \times \Lambda$ 是单连通的，存在解 $F(t,\lambda)$. 接下来我们考虑微分公式，

$$\gamma_t = \alpha\mu, \gamma_\lambda = P_1 v_1 + \cdots + P_{n-1} v_{n-1} + P_n \mu,$$

由积分条件 $\gamma_{t\lambda}(t,\lambda) = \gamma_{\lambda t}(t,\lambda)$，存在解 $\lambda(t,\lambda)$. 因此，存在单参数标架曲线族 $(\gamma, v): I \times \Lambda \to \mathbf{R}^n \times \Delta_{n-1}$，它的曲率是 $(\alpha_{ij}, \beta_{ij}, \alpha, P_1, \cdots, P_n)$. □

引理 4.1.7 设 (γ, v) 与 $(\widetilde{\gamma}, \widetilde{v}): I \times \Lambda \to \mathbf{R}^n \times \Delta_{n-1}$ 是单参数勒让德曲线族并有相等的曲率，即

$$(\alpha_{ij}, \beta_{ij}, \alpha, P_1, \cdots, P_n)(t,\lambda) = (\widetilde{\alpha}_{ij}, \widetilde{\beta}_{ij}, \widetilde{\alpha}, \widetilde{P}_1, \cdots, \widetilde{P}_n)(t,\lambda)$$

对于所有的 $(t,\lambda) \in I \times \Lambda$ 成立. 如果存在两个参数 $t = t_0, \lambda = \lambda_0$ 使得 $(\gamma(t_0,\lambda_0), v(t_0,\lambda_0)) = (\widetilde{\gamma}(t_0,\lambda_0), \widetilde{v}(t_0,\lambda_0))$，那么 (γ, v) 与 $(\widetilde{\gamma}, \widetilde{v})$ 相等.

证明 $v_n(t,\lambda) = \mu(t,\lambda)$. 光滑函数 $f: I \times \Lambda \to R$ 为

$$f(t,\lambda) = \sum_{i=1}^{n} v_i(t,\lambda) \cdot \widetilde{v}_i(t,\lambda).$$

因为 $\alpha_{ij}(t,\lambda) = \widetilde{\alpha}_{ij}(t,\lambda)$ 与 $\beta_{ij}(t,\lambda) = \widetilde{\beta}_{ij}(t,\lambda)$，我们有 $f_t(t,\lambda) = 0$ 与 $f_\lambda(t,\lambda) = 0$ 对于所有的 $(t,\lambda) \in I \times \Lambda$ 成立，从而 f 是常数. 由 $v(t_0,\lambda_0) = \widetilde{v}(t_0,\lambda_0)$，我们有 $\mu(t_0,\lambda_0) = \widetilde{\mu}(t0,\lambda0)$，从而 $f(t_0,\lambda_0) = n$ 并且 f 是值为 n 的常数. 由柯西-施瓦茨不等式，我们有

$$v_i(t,\lambda) \cdot \widetilde{v}_i(t,\lambda) \leqslant |v_i(t,\lambda)| |\widetilde{v}_i(t,\lambda)| = 1$$

对每个 $i = 1, \cdots, n$ 成立. 如果其中一个不等式是严格小于的，$f(t,\lambda)$ 的值将小于 n，从而这些不等式都取等 $(v_i(t,\lambda) \cdot \widetilde{v}_i(t,\lambda) = 1)$ 对于所有的 $(t,\lambda) \in I \times \Lambda, i = 1, \cdots, n$，那么我们有 $|v_i(t,\lambda) - \widetilde{v}_i(t,\lambda)|^2 = 0$. 因此，$v_i(t,\lambda) = \widetilde{v}_i(t,\lambda)$. 因为

$$\gamma_t(t,\lambda) = \alpha(t,\lambda)\mu(t,\lambda),$$

$$\widetilde{\gamma}_t(t,\lambda) = \widetilde{\alpha}(t,\lambda)\widetilde{\mu}(t,\lambda),$$

$$\gamma_\lambda(t,\lambda) = P_1(t,\lambda)v_1(t,\lambda) + \cdots$$
$$+ P_{n-1}(t,\lambda)v_{n-1}(t,\lambda) + P_n(t,\lambda)\mu(t,\lambda),$$
$$\widetilde{\gamma}_\lambda(t,\lambda) = \widetilde{P}_1(t,\lambda)v_1(t,\lambda) + \cdots$$
$$+ P_{n-1}(t,\lambda)v_{n-1}(t,\lambda) + P_n(t,\lambda)\widetilde{\mu}(t,\lambda),$$

并由假设 $\alpha(t,\lambda)=\widetilde{\alpha}(t,\lambda)$，$P_i(t,\lambda)=\widetilde{P}_i(t,\lambda)$，我们有

$$(\gamma(t,\lambda) - \widetilde{\gamma}(t,\lambda))_t = 0,(\gamma(t,\lambda) - \widetilde{\gamma}(t,\lambda))_\lambda = 0.$$

从而 $\gamma(t,\lambda)-\widetilde{\gamma}(t,\lambda)$ 是常数. 由条件 $\gamma(t_0,\lambda_0) = \widetilde{\gamma}(t_0,\lambda_0)$，我们有 $\gamma(t,\lambda) = \widetilde{\gamma}(t,\lambda)$ 对于所有的 $(t,\lambda) \in I \times \Lambda$ 成立. □

定理 4.1.8(单参数标架曲线族的唯一性定理)　设 (γ,v) 与 $(\widetilde{\gamma},\widetilde{v})$: $I\times\Lambda \to \mathbf{R}^n \times \Delta_{n-1}$ 是标架曲线族，曲率分别为 $(\alpha_{ij},\beta_{ij},\alpha,P_1,\cdots,P_n)$，$(\widetilde{\alpha}_{ij},\widetilde{\beta}_{ij},\widetilde{\alpha},\widetilde{P}_1,\cdots,\widetilde{P}_n)$，那么 (γ,v) 与 $(\widetilde{\gamma},\widetilde{v})$ 是一致的单参数标架曲线族当且仅当

$$(\alpha_{ij},\beta_ij,\alpha,P_1,\cdots,P_n) = (\widetilde{\alpha}_{ij},\widetilde{\beta}_{ij},\widetilde{\alpha},\widetilde{P}_1,\cdots,\widetilde{P}_n).$$

证明　假设 (γ,v) 与 $(\widetilde{\gamma},\widetilde{v})$ 是一致的单参数标架曲线族，存在矩阵 $\boldsymbol{X}\in \mathrm{SO}(n)$ 与常向量 $\boldsymbol{x}\in\mathbf{R}^n$ 满足

$$\widetilde{\gamma}(t,\lambda) = X(\gamma(t,\lambda)) + x,\widetilde{v}(t,\lambda) = X(v(t,\lambda))$$

对于所有的 $(t,\lambda)\in I\times\Lambda$ 成立. 因为 μ 的定义，我们有 $\widetilde{\mu}(t,\lambda)=\boldsymbol{X}(\mu(t,\lambda))$ 对于所有的 $(t,\lambda)\in I\times\Lambda$ 成立. 通过直接计算，我们有

$$\begin{aligned}\widetilde{\alpha}_{ij}(t,\lambda) &= (\widetilde{v}_i)_t(t,\lambda)\cdot\widetilde{v}_j(t,\lambda)\\ &= \boldsymbol{X}((v_i)_t(t,\lambda))\cdot\boldsymbol{X}(v_j(t,\lambda))\\ &= \boldsymbol{X}((v_i)_t(t,\lambda)\cdot v_j(t,\lambda))\\ &= \alpha_{ij}(t,\lambda),\end{aligned}$$

$$\begin{aligned}\widetilde{\beta}_{ij}(t,\lambda) &= (\widetilde{v}_i)_\lambda(t,\lambda)\cdot\widetilde{v}_j(t,\lambda)\\ &= \boldsymbol{X}((v_i)_\lambda(t,\lambda))\cdot\boldsymbol{X}(v_j(t,\lambda))\end{aligned}$$

$$=\boldsymbol{X}((v_i)_\lambda(t,\lambda)\cdot v_j(t,\lambda))$$
$$=\beta_{ij}(t,\lambda),$$
$$\widetilde{\beta}_t(t,\lambda)=\boldsymbol{X}(\gamma_t(t,\lambda))=\boldsymbol{X}(\alpha(t,\lambda)\mu(t,\lambda))$$
$$=\alpha(t,\lambda)X(\mu(t,\lambda))=\alpha(t,\lambda)\widetilde{\mu}(t,\lambda),$$
$$\widetilde{\gamma}_\lambda(t,\lambda)=\boldsymbol{X}(\gamma_\lambda(t,\lambda))$$
$$=\boldsymbol{X}(P_1(t,\lambda)v_1(t,\lambda)+\cdots+P_{n-1}(t,\lambda)v_{n-1}(t,\lambda)$$
$$+P_n(t,\lambda)\mu(t,\lambda))$$
$$=P_1(t,\lambda)\boldsymbol{X}(v_1(t,\lambda))+\cdots+P_{n-1}(t,\lambda)\boldsymbol{X}(v_{n-1}(t,\lambda)$$
$$+P_n(t,\lambda)\boldsymbol{X}(\mu(t,\lambda))$$
$$=P_1(t,\lambda)\widetilde{v}_1(t,\lambda)+\cdots+P_{n-1}(t,\lambda)\widetilde{v}_{n-1}(t,\lambda)$$
$$+P_n(t,\lambda)\widetilde{\mu}(t,\lambda).$$

因此,曲率$(\alpha_{ij},\beta_{ij},\alpha,P_1,\cdots,P_n)$与$(\widetilde{\alpha}_{ij},\widetilde{\alpha}_{ij},\widetilde{\alpha},\widetilde{P}_1,\cdots,\widetilde{P}_n)$相等.

反之,假设$(\alpha_{ij},\beta_{ij},\alpha,P_1,\cdots,P_n)$与$(\widetilde{\alpha}_{ij},\widetilde{\beta}_{ij},\widetilde{\alpha},\widetilde{P}_1,\cdots,\widetilde{P}_n)$相等.令$(t_0,\lambda_0)\in I\times\Lambda$,由单参数标架曲线族的曲率,我们可以假设$\gamma(t_0,\lambda_0)=\widetilde{\gamma}(t_0,\lambda_0)$与$\widetilde{v}(t_0,\lambda_0)=\widetilde{v}(t_0,\lambda_0)$.由引理 4.1.7,我们有$\gamma(t,\lambda)=\widetilde{\gamma}(t,\lambda)$与$v(t,\lambda)=\widetilde{v}(t,\lambda)$对于所有的$(t,\lambda)\in I\times\Lambda$成立. □

现在介绍单参数标架曲线族的包络线,它是勒让德曲线族的一般推广.

设$(\gamma,v):I\times\Lambda\to\mathbf{R}^n\times\Delta_{n-1}$是单参数标架曲线族,曲率为$(\alpha_{ij},\beta_{ij},\alpha,P_1,\cdots,P_n)$并且$e:U\to I\times\Lambda,e(u)=(t(u),\lambda(u))$是光滑曲线,这里$U$是$\mathbf{R}$的区间.我们记$E_\gamma=\gamma\circ e:U\to\mathbf{R}^n,E_{v_i}=v_i\circ e:U\to S^{n-1}$与$E_v=v\circ e:U\to\Delta_{n-1}$.

定义 4.1.9 我们称E_γ是包络(e是前包络)对于单参数标架曲线族(γ,v),当满足下面的条件时.

(1)函数 λ 在 U 的任何子区间都不是常值(变化条件).

(2)对于所有的 u,曲线 E_γ 在 u 处与曲线 $\gamma(t,\lambda)$ 在参数$(t(u),\lambda(u))$处相切,也就是说切向量 $E'_\gamma(u)=(\mathrm{d}E/\mathrm{d}u)(u)$ 与 $\mu(e(u))$是线性相关的(相切条件).

相切条件等价于 $E'_\gamma(u)\cdot v_i(e(u))=E'_\gamma(u)\cdot E_{v_i}(u)=0$ 对于所有的 $u\in U$ 成立,$i=1,\cdots,n-1$.

命题 4.1.10　设$(\gamma,v):I\times\Lambda\to\mathbf{R}^n\times\Delta_{n-1}$是单参数勒让德曲线族,曲率为$(\alpha_{ij},\beta_{ij},\alpha,P_1,\cdots,P_n)$.

假设 $e:U\to I\times\Lambda$,$e(u)=(t(u),\lambda(u))$是前包络并且 $E_\gamma=\gamma\circ e:U\to\mathbf{R}^n$ 是(γ,v)的包络,那么$(E_\gamma,E_v):U\to\mathbf{R}^n\times\Delta_{n-1}$是标架曲线,曲率为

$$\alpha_{ijE_\gamma}(u)=t'(u)\alpha_{ij}(e(u))+\lambda'(u)\beta_{ij}(e(u)),$$

$$\alpha_{E_\gamma}(u)=t'(u)\alpha(e(u))+\lambda'(u)P_n(e(u)).$$

证明　由定义,$E_{v_i}(u)\cdot E_{v_j}(u)=v_i(e(u))\cdot v_j(e(u))=\delta_{ij}$ 对于所有的$u\in U$成立,$i,j=1,\cdots,n-1$. 因为 E_γ 是包络线,$E'_\gamma(u)\cdot E_{v_i}(u)=0$ 对于所有的 $u\in U$ 成立,$i=1,\cdots,n-1$. 从而$(E_\gamma,E_v):U\to\tilde{R}^n\times\Delta_{n-1}$是标架曲线,那么我们有

$$\begin{aligned}\alpha_{ij}E_\gamma(u)&=E'_{v_i}(u)\cdot E_{v_j}(e(u))\\&=(t'(u)(v_i)_t(e(u))+\lambda'(u)(v_i)_\lambda(e(u)))\cdot v_j(e(u))\\&=t'(u)\alpha_{ij}(e(u))+\lambda'(u)\beta_{ij}(e(u)),\end{aligned}$$

$$\begin{aligned}\alpha_{E_\gamma}(u)&=E'_\gamma(u)\cdot\mu(e(u))\\&=(t'(u)\gamma_t(e(u))+\lambda'(u)\gamma_\lambda(e(u)))\cdot\mu(e(u))\\&=t'(u)\alpha(e(u))+\lambda'(u)P_n(e(u)).\end{aligned}$$

接下来给出关于包络线的一个重要定理,它是判断曲线是单参数标架曲线族的包络的重要依据,如下:

定理 4.1.11　设$(\gamma,v):I\times\Lambda\to\mathbf{R}^n\times\Delta_{n-1}$是单参数标架曲线族,$e$:

$U\to I\times\Lambda$ 是光滑函数且满足变化条件，那么 e 是(γ,v)的前包络(E_γ 是包络)当且仅当 $\gamma_\lambda(e(u))\cdot v_i(e(u))=0$ 对于所有 $u\in U$ 成立，$i=1,\cdots,n-1$.

证明 假设 e 是(γ,v)的前包络. 由相切条件，存在函数 $c(u)\in\mathbf{R}$ 使得 $E'_\gamma(u)=c(u)\mu(e(u))$. 由微分定义 $E_\gamma(u)=\gamma\circ e(u)$，我们有

$$E'_\gamma(u)=t'(u)\gamma_t(e(u))+\lambda'(u)\gamma_\lambda(e(u)).$$

从而 $\gamma_t(t,\lambda)=\alpha(t,\lambda)\mu(t,\lambda)$，使得

$$(t'(u)\alpha(e(u))-c(u))\mu(e(u))+\lambda'(u)\gamma_\lambda(e(u))=0,$$

那么我们有 $\lambda'(u)\gamma_\lambda(e(u))\cdot v_i(e(u))=0$. 由变化条件，我们有 $\gamma_\lambda(e(u))\cdot v_i(e(u))=0$ 对于所有的 $u\in U$ 成立，$i=1,\cdots,n-1$.

反之，假设 $\gamma_\lambda(e(u))\cdot v_i(e(u))=0$ 对于所有的 $u\in U$ 成立，$i=1,\cdots,n-1$. 因为

$$E'_\gamma(u)\cdot v_i(e(u))=(t'(u)\gamma_t(e(u))+\lambda'(u)\gamma_\lambda(e(u)))\cdot v_i(e(u))=0,$$

e 是(γ,v)的前包络. □

由单参数标架曲线族的曲率，我们有定理 4.1.11 的推论.

推论 4.1.12 设$(\gamma,v):I\times\Lambda\to\mathbf{R}^n\times\Delta_{n-1}$是单参数标架曲线族，曲率为$(\alpha_{ij},\beta_{ij},\alpha,P_1,\cdots,P_n)$并且 $e:U\to I\times\Lambda$ 是满足变化条件的光滑映射，那么 $e:U\to I\times\Lambda$ 是(γ,v)的前包络(E_γ 是包络)当且仅当 $P_i(e(u))=0$ 对于所有的 $u\in U$ 成立，$i=1,\cdots,n-1$.

命题 4.1.13 设$(\gamma,v):I\times\Lambda\to\mathbf{R}^n\times\Delta_{n-1}$是单参数标架曲线族. 假设 $e:U\to I\times\Lambda$ 是前包络并且 E_γ 是(γ,v)的包络，那么 $e:U\to I\times\Lambda$ 也是$(-\gamma,v)$，$(\gamma,-v)$的包络. 而且 $-E_\gamma$ 是$(-\gamma,v)$的包络，E_γ 是$(\gamma,-v)$的包络.

证明 因为 $e:U\to I\times\Lambda$ 是前包络，我们有 $\gamma_\lambda(e(u))\cdot v_i(e(u))=0$ 对于所有的 $u\in U$ 成立，$i=1,\cdots,n-1$. 从而

$$-\gamma_\lambda(e(u))\cdot v_i(e(u))=0,\gamma_\lambda(e(u))\cdot(-v_i(e(u)))=0$$

对于所有的 $u\in U$ 成立.因此 $e:U\to I\times\Lambda$ 也是 $(-T,v))(T,-v)$ 的前包络,从而 $-E_\gamma=-\gamma\circ e,E_\gamma=\gamma\circ e$ 分别是 $(-\gamma,v),(\gamma,-v)$ 的包络. □

接下来我们讨论单参数标架曲线族在参数变换下的变化规律.

定义 4.1.14 我们说映射 $\Phi:\tilde{I}\times\tilde{\Lambda}\to I\times\Lambda$ 单参数族的变换如果 Φ 是微分同胚即 $\Phi(s,k)=(\phi(s,k),\varphi(k))$.

命题 4.1.15 设 $(\gamma,v):I\times\Lambda\to\mathbf{R}^n\times\Delta_{n-1}$ 是单参数标架曲线族,曲率为 $(\alpha_{ij},\beta_{ij},\alpha,P_1,\cdots,P_n)$.假设 $\Phi:\tilde{I}\times\tilde{\Lambda}\to I\times\Lambda$ 是参数族变换.那么 $(\tilde{\gamma},\tilde{v})=(\gamma\circ\Phi,v\circ\Phi):\tilde{I}\times\tilde{\Lambda}\to\mathbf{R}^n\times\Delta_{n-1}$ 也是单参数标架曲线族,曲率为

$$\tilde{\alpha}_{ij}(s,k)=\alpha_{ij}(\Phi(s,k))\phi_s(s,k),$$

$$\tilde{\beta}_{ij}(s,k)=\alpha_{ij}(\Phi(s,k))\phi_k(s,k)+\beta_{ij}(\Phi(s,k))\varphi'(k),$$

$$\tilde{\alpha}(s,k)=\alpha(\Phi(s,k))\phi_s(s,k),$$

$$\tilde{P}_i(s,k)=P_i(\Phi(s,k))\varphi'(k)(i=1,\cdots,n-1),$$

$$\tilde{P}_n(s,k)=\alpha(\Phi(s,k))\varphi_k(s,k)+P_n(\Phi(s,k))\varphi'(k).$$

如果 $e:U\to I\times\Lambda$ 是前包络,E_γ 是包络,那么 $\Phi^{-1}\circ e:U\to\tilde{I}\times\tilde{\Lambda}$ 是前包络,E_γ 也是 $(\tilde{\gamma},\tilde{v})$ 的包络.

证明 因为 $\tilde{I}_s(s,k)=\gamma_t(\Phi(s,k))\varphi_s(s,k)$ 并且 $\gamma_t(t,\lambda)\cdot v_i(t,\lambda)=0$ 对于所有的 $(t,\lambda)\in I\times\Lambda$ 成立,$i=1,\cdots,n-1$,我们有 $\tilde{\gamma}_s(s,k)\cdot\tilde{v}_i(s,k)=0$ 对于所有的 $(s,k)\in\tilde{I}\times\tilde{\Lambda}$ 成立,因此,$(\tilde{\gamma},\tilde{v})$ 是单参数标架曲线族,曲率为

$$\begin{aligned}\tilde{\alpha}_{ij}(s,k)&=(\tilde{v}_i)_s(s,k)\cdot\tilde{v}_j(s,k)\\&=(v_i)_t(\Phi(s,k))\phi_s(s,k)\cdot v_j(\Phi(s,k))\\&=\alpha_{ij}(\Phi(s,k))\phi_s(s,k),\end{aligned}$$

$$\tilde{\beta}_{ij}(s,k)=(\tilde{v}_i)_k(s,k)\cdot\tilde{v}_j(s,k)$$

$$
\begin{aligned}
&=((v_i)_t(\Phi(s,k))\phi_k(s,k)\\
&\quad+(v_i)_\lambda(\Phi(s,k))\varphi'(k))\cdot v_j(\Phi(s,k))\\
&=\alpha_{ij}(\Phi(s,k))\phi_k(s,k)+\beta_{ij}(\Phi(s,k))\varphi'(k),
\end{aligned}
$$

$$
\begin{aligned}
\widetilde{\alpha}(s,k)&=\widetilde{\gamma}_s(s,k)\cdot\widetilde{\mu}(s,k)\\
&=\gamma_t(\Phi(s,k))\phi_s(s,k)\cdot\mu(\Phi(s,k))\\
&=\alpha(\Phi(s,k))\phi_s(s,k),
\end{aligned}
$$

$$
\begin{aligned}
\widetilde{P}_i(s,k)&=\widetilde{\gamma}_k(s,k)\cdot\widetilde{v}_i(s,k)\\
&=(\gamma_t(\Phi(s,k))\phi_k(s,k)+\gamma_\lambda(\Phi(s,k))\varphi'(k))\cdot v_i(\Phi(s,k))\\
&=P_i(\Phi(s,k))\varphi'(k)(i=1,\cdots,n-1),
\end{aligned}
$$

$$
\begin{aligned}
\widetilde{P}_n(s,k)&=\widetilde{\gamma}_k(s,k)\cdot\widetilde{\mu}(s,k)\\
&=(\gamma_t(\Phi(s,k))\phi_k(s,k)+\gamma_\lambda(\Phi(s,k))\varphi'(k))\cdot\mu(\Phi(s,k))\\
&=\alpha(\Phi(s,k))\phi_k(s,k)+P_n(\Phi(s,k))\varphi'(k).
\end{aligned}
$$

由微分同胚的形式 $\Phi(s,k)=(\varphi(s,k),\varphi(k))$，$\Phi^{-1}:I\times\Lambda\to\widetilde{I}\times\widetilde{\Lambda}$ 为 $\Phi^{-1}(t,\lambda)=(\psi(t,\lambda),\varphi^{-1}(\lambda))$，从而 $\Phi^{-1}\circ e(u)=(\psi(t(u),\lambda(u)),\varphi^{-1}(\lambda(u)))$. 因为 $(\mathrm{d}/\mathrm{d}u)\varphi^{-1}(\lambda(u))=\varphi^{-1}(\lambda(u))\lambda'(u)$，变化条件是成立的. 而且我们有

$$
\begin{aligned}
\widetilde{\gamma}_k(s,k)\cdot\widetilde{v}(s,k)&=(\gamma_t(\Phi(s,k))\phi_k(s,k)\\
&\quad+\gamma_\lambda(\Phi(s,k))\varphi'(k))\cdot v(\Phi(s,k))\\
&=\varphi'(k)\gamma_\lambda(\Phi(s,k))\cdot v(\Phi(s,k)).
\end{aligned}
$$

从而

$$
\begin{aligned}
&\widetilde{\gamma}_k(\Phi^{-1}\circ e(u))\cdot\widetilde{v}_i(\Phi^{-1}\circ e(u))\\
&=\varphi'(\Psi^{-1}(\lambda(u)))\gamma_\lambda(e(u))\cdot v_i(e(u))=0
\end{aligned}
$$

对于所有的 $u\in U$ 成立，$i=1,\cdots,n$. 由定理 4.1.11，$\Phi^{-1}\circ e$ 是 $(\widetilde{\gamma},\widetilde{v})$ 的前包络. 因此，$\widetilde{\gamma}\circ\Phi^{-1}\circ e=\gamma\circ\Phi\circ\Phi^{-1}\circ e=\gamma\circ e=E_\gamma$ 也是 $(\widetilde{\gamma},\widetilde{v})$ 的包络. □

4.2　单参数标架空间曲线族及其包络线

首先我们快速回顾一下正则空间曲线的基本概念和几何性质.

设 $\gamma: I \to \mathbf{R}^3$ 是正则曲线，并且$\dot{\gamma}(t)$，$\ddot{\gamma}(t)$线性无关)对于所有的 $t \in I$ 成立. 由

$$\dot{\gamma}(t) = (\mathrm{d}\gamma/\mathrm{d}t)(t), \ddot{\gamma}(t) = (\mathrm{d}^2 T/\mathrm{d}t^2)(t).$$

我们有正交标架：

$$\{\boldsymbol{t}(t), \boldsymbol{n}(t), \boldsymbol{b}(t)\} = \left\{\frac{\dot{\gamma}(t)}{|\dot{\gamma}(t)|}, \frac{(\dot{\gamma}(t) \times \ddot{\gamma}(t)) \times \dot{\gamma}(t)}{|(\dot{\gamma}(t) \times \ddot{\gamma}(t) \times \dot{\gamma}(t))|}, \frac{\dot{\gamma}(t) \times \ddot{\gamma}(t)}{|\dot{\gamma}(t) \times \ddot{\gamma}|}\right\}$$

以及弗雷内公式：

$$\begin{pmatrix} \dot{\boldsymbol{t}}(t) \\ \dot{\boldsymbol{n}}(t) \\ \dot{\boldsymbol{b}}(t) \end{pmatrix} = \begin{pmatrix} 0 & |\dot{\gamma}|k(t) & 0 \\ -|\dot{\gamma}|(t)k(t) & 0 & |\dot{\gamma}|\tau(t) \\ 0 & -|\dot{\gamma}|\tau(t) & 0 \end{pmatrix} \begin{pmatrix} v_1(t,\lambda) \\ v_2(t,\lambda) \\ \mu(t,\lambda) \end{pmatrix},$$

$$\gamma_t(t,\lambda) = \alpha(t,\lambda)\mu(t,\lambda),$$

$$\begin{pmatrix} (v_1)_\lambda(t,\lambda) \\ (v_2)_\lambda(t,\lambda) \\ \mu_\lambda(t,\lambda) \end{pmatrix} = \begin{pmatrix} 0 & L(t,\lambda) & M(t,\lambda) \\ -L(t,\lambda) & 0 & N(t,\lambda) \\ -M(t,\lambda) & -N(t,\lambda) & 0 \end{pmatrix} \begin{pmatrix} v_1(t,\lambda) \\ v_2(t,\lambda) \\ \mu(t,\lambda) \end{pmatrix},$$

$$\gamma_\lambda(t,\lambda) = P(t,\lambda)v_1(t,\lambda) + Q(t,\lambda)v_2(t,\lambda) + R(t,\lambda)\mu(t,\lambda),$$

这里

$$k(t) = \frac{|\dot{\gamma}(t) \times \ddot{\gamma}(t)|}{|\dot{\gamma}|^3}, \tau(t) = \frac{\det(\dot{\gamma}(t), \ddot{\gamma}, \dddot{\gamma}(t))}{|\dot{\gamma}(t) \times \ddot{\gamma}(t)|^2}$$

我们把 $k(t)$和 $\tau(t)$分别叫作曲线 γ 的曲率和挠率.

现在我们来探讨单参数标架空间曲线族的包络. 我们用下面的记

号$(\gamma,v_1,v_2):I\times\Lambda\to\mathbf{R}^3\times\Delta_2$,这里 I 和 Λ 是 $\mathbf{R}$ 的区间,那么

$$\mu(t,\lambda)=v_1(t,\lambda)\times v_2(t,\lambda),\{v_1(t,\lambda),v_2(t,\lambda),\mu(t,\lambda)\}$$

是 frontal$\gamma(t,\lambda)$ 的活动标架. 我们有弗雷内公式:

$$\begin{pmatrix}(v_1)_t(t,\lambda)\\(v_2)_t(t,\lambda)\\\mu_t(t,\lambda)\end{pmatrix}=\begin{pmatrix}0&l(t,\lambda)&m(t,\lambda)\\-l(t,\lambda)&0&n(t,\lambda)\\-m(t,\lambda)&-n(t,\lambda)&0\end{pmatrix}\begin{pmatrix}v_1(t,\lambda)\\v_2(t,\lambda)\\\mu(t,\lambda)\end{pmatrix},$$

$$\gamma_t(t,\lambda)=\alpha(t,\lambda)\mu(t,\lambda),$$

$$\begin{pmatrix}(v_1)_\lambda(t,\lambda)\\(v_2)_\lambda(t,\lambda)\\\mu_\lambda(t,\lambda)\end{pmatrix}=\begin{pmatrix}0&L(t,\lambda)&M(t,\lambda)\\-L(t,\lambda)&0&N(t,\lambda)\\-M(t,\lambda)&-N(t,\lambda)&0\end{pmatrix}\begin{pmatrix}v_1(t,\lambda)\\v_2(t,\lambda)\\\mu(t,\lambda)\end{pmatrix},$$

$$\gamma_\lambda(t,\lambda)=P(t,\lambda)v_1(t,\lambda)+Q(t,\lambda)v_2(t,\lambda)+R(t,\lambda)\mu(t,\lambda),$$

这里

$$l(t,\lambda)=v_{1t}(t,\lambda)\cdot v_2(t,\lambda),$$

$$m(t,\lambda)=v_{1t}(t,\lambda)\cdot\mu(t,\lambda),$$

$$n(t,\lambda)=v_{2t}(t,\lambda)\cdot\mu(t,\lambda),$$

$$\alpha(t,\lambda)=\gamma_t(t,\lambda)\cdot\mu(t,\lambda),$$

$$L(t,\lambda)=v_{1\lambda}(t,\lambda)\cdot v_2(t,\lambda),$$

$$M(t,\lambda)=v_{1\lambda}(t,\lambda)\cdot\mu(t,\lambda),$$

$$N(t,\lambda)=v_{2\lambda}(t,\lambda)\cdot\mu(t,\lambda),$$

$$P(t,\lambda)=T_\lambda(t,\lambda)\cdot v_1(t,\lambda),$$

$$Q(t,\lambda)=T_\lambda(t,\lambda)\cdot v_2(t,\lambda),$$

$$R(t,\lambda)=T_\lambda(t,\lambda)\cdot\mu(t,\lambda).$$

由 $\gamma_{t\lambda}(t,\lambda)=T_{\lambda t}(t,\lambda)$,$v_{t\lambda}(t,\lambda)=v_{\lambda t}(t,\lambda)$与 $\mu_{t\lambda}(t,\lambda)=\mu_{\lambda t}(t,\lambda)$,我们有积分条件:

$$
\begin{aligned}
L_t(t,\lambda) &= M(t,\lambda)n(t,\lambda) - N(t,\lambda)m(t,\lambda) + l_\lambda(t,\lambda),\\
M_t(t,\lambda) &= N(t,\lambda)l(t,\lambda) - L(t,\lambda)n(t,\lambda) + m_\lambda(t,\lambda),\\
N_t(t,\lambda) &= L(t,\lambda)m(t,\lambda) - M(t,\lambda)l(t,\lambda) + n_\lambda(t,\lambda),\\
P_t(t,\lambda) &= Q(t,\lambda)l(t,\lambda) + R(t,\lambda)m(t,\lambda) - \alpha(t,\lambda)M(t,\lambda),\\
Q_t(t,\lambda) &= -P(t,\lambda)l(t,\lambda) + R(t,\lambda)n(t,\lambda) - \alpha(t,\lambda)N(t,\lambda),\\
R_t(t,\lambda) &= -P(t,\lambda)m(t,\lambda) - Q(t,\lambda)n(t,\lambda) + \alpha_\lambda(t,\lambda)
\end{aligned}
\tag{4.2.1}
$$

对于所有的$(t,\lambda)\in I\times\Lambda$成立. 我们称带着积分条件(4.2.1)的函数组$(l,m,n,a,L,M,N,P,Q,R)$为单参数标架曲线族的曲率.

设$(\gamma,v):I\times\Lambda\to\mathbf{R}^3\times\Delta_2$是单参数标架曲线族,曲率为$(l,m,n,a,L,M,N,P,Q,R)$,并且$e:U\to I\times\Lambda,e(u)=(t(u),\lambda(u))$是光滑曲线,这里$U$是$\mathbf{R}$的区间. 我们记$E_\gamma=\gamma\circ e:U\to\mathbf{R}^3$,$E_{v1}=v_1\circ e:U\to S^2$与$E_{v2}=v_2\circ e:U\to S^2$.

设$(\gamma,v_1,v_2):I\times\Lambda\to\mathbf{R}^3\times\Delta_2$是单参数标架曲线族并且曲率为$(l,m,n,a,L,M,N,P,Q,R)$. 对于$v_1(t,\lambda)$和$v_2(t,\lambda)$张成的法平面上,存在由旋转和反射得到的另外两个标架.

我们定义$(\overline{v}_1(t,\lambda),\overline{v}_2(t,\lambda))\in\Delta_2$为

$$
\begin{pmatrix}\overline{v}_1(t,\lambda)\\ \overline{v}_1(t,\lambda)\end{pmatrix}=\begin{pmatrix}\cos\theta(t,\lambda) & -\sin\theta(t,\lambda)\\ \sin\theta(t,\lambda) & \cos\theta(t,\lambda)\end{pmatrix}\begin{pmatrix}v_1(t,\lambda)\\ v_2(t,\lambda)\end{pmatrix},
$$

这里$\theta(t,\lambda)$是光滑函数,那么$(\gamma,\overline{v}_1,\overline{v}_2):I\times\Lambda\to\mathbf{R}^3\times\Delta_2$为单参数标架曲线族,则有

$$
\overline{\mu}(t,\lambda)=\overline{v}_1(t,\lambda)\times\overline{v}_2(t,\lambda)=v_1(t,\lambda)\times v_2(t,\lambda)=\mu(t,\lambda).
$$

则$(\gamma,\overline{v}_1,\overline{v}_2)$的曲率$(\overline{l},\overline{m},\overline{n},\overline{\alpha},\overline{L},\overline{M},\overline{N},\overline{P},\overline{Q},\overline{R})$为

$$
\begin{gathered}
(l-\theta_t,m\cos\theta-n\sin\theta,m\sin\theta+n\cos\theta,\alpha,L-\theta_\lambda,M\cos\theta-N\sin\theta,\\
M\sin\theta+N\cos\theta,P\cos\theta-Q\sin\theta,P\sin\theta+Q\cos\theta,R).
\end{gathered}
$$

我们称活动标架$\{\overline{v}_1(t,\lambda),\overline{v}_2(t,\lambda),\mu(t,\lambda)\}$为$\gamma(t,\lambda)$的旋转标架.

另一方面，我们定义$(\widetilde{v}_1(t,\lambda),\widetilde{v}_2(t,\lambda))\in\Delta_2$ 为

$$\begin{pmatrix}\widetilde{v}_1(t,\lambda)\\ \widetilde{v}_2(t,\lambda)\end{pmatrix}=\begin{pmatrix}1 & 0\\ 0 & -1\end{pmatrix}\begin{pmatrix}\cos\theta(t,\lambda) & -\sin(t,\lambda)\\ \sin\theta(t,\lambda) & \cos\theta(t,\lambda)\end{pmatrix}\begin{pmatrix}v_1(t,\lambda)\\ v_2(t,\lambda)\end{pmatrix},$$

这里 $\theta(t,\lambda)$是光滑函数，那么$(\gamma,\widetilde{v}_1,\widetilde{v}_2):I\times\Lambda\to\mathbf{R}^3\times\Delta_2$ 也是单参数标架曲线族.

$$\widetilde{\mu}(t,\lambda)=\widetilde{v}_1(t,\lambda)\times\widetilde{v}_2(t,\lambda)=v_2(t,\lambda)\times v_1(t,\lambda)=-\mu(t,\lambda).$$

$(\gamma,\widetilde{v}_1,\widetilde{v}_2)$的曲率$(\widetilde{l},\widetilde{m},\widetilde{n},\widetilde{\alpha},\widetilde{L},\widetilde{M},\widetilde{N},\widetilde{P},\widetilde{Q},\widetilde{R})$ 为

$$\begin{gathered}(-l+\theta_t,-m\cos\theta+n\sin\theta,m\sin\theta+n\cos\theta,-\alpha,-L+\theta_\lambda,\\ -M\cos\theta+N\sin\theta,M\sin\theta+N\cos\theta,-P\cos\theta+Q\sin\theta,\\ P\sin\theta+Q\cos\theta,-R).\end{gathered}$$

我们称活动标架$\{\widetilde{v}_1(t,\lambda),\widetilde{v}_2(t,\lambda),-\mu(t,\lambda)\}$ 是 $\gamma(t,\lambda)$的反射标架. 由命题 4.1.12，我们有下面的结果.

命题 4.2.1 在上面的条件下，如果 $e:U\to I\times\Lambda$ 是(γ,v_1,v_2)的前包络，那么 $e:U\to I\times\Lambda$ 也是$(\gamma,\overline{v}_1,\overline{v}_2)$和$(\gamma,\overline{v}_1,\overline{v}_2)$ 的前包络.

标架曲线的平行曲线已经被定义[38]. 这里我们定义单参数标架曲线族的平行曲线.

定义 4.2.2 设$(\gamma,v_1,v_2):I\times\Lambda\to\mathbf{R}^3\times\Delta^2$ 是单参数标架曲线族，$\theta:I\to\mathbf{R}$ 是光滑函数并满足条件 $\theta_t(t,\lambda)=l(t,\lambda)$，$\theta_\lambda(t,\lambda)=L(t,\lambda)$对于所有的$(t,\lambda)\in I\times\Lambda$ 成立. 我们定义单参数标架曲线族 $\gamma_{(a,b)}:I\times\Lambda\to\mathbf{R}^3$ 的平行曲线：

$$\begin{aligned}T_{(a,b)}(t,\lambda)=&\gamma(t,\lambda)+(a\cos\theta(t,\lambda)+b\sin\theta(t,\lambda))v_1(t,\lambda)\\ &+(-a\sin\theta(t,\lambda)+b\cos\theta(t,\lambda))v_2(t,\lambda)\end{aligned}$$

这里 $a,b\in\mathbf{R}$.

注 4.2.3 因为 $l(t,\lambda)=\theta_t(t,\lambda)$与 $L(t,\lambda)=\theta_\lambda(t,\lambda)$，$\theta_\lambda(t,\lambda)=L_t(t,\lambda)$对于所有的$(t,\lambda)\in I\times\Lambda$ 成立. 由积分条件(4.2.1)，$l_\lambda(t,\lambda)=L_t(t,\lambda)$等价于

$$M(t,\lambda)n(t,\lambda)-N(t,\lambda)m(t,\lambda)=0.$$

命题 4.2.4　设$(\gamma,v_1,v_2):I\times\Lambda\to\mathbf{R}^3\times\Delta_2$ 是单参数标架曲线族，曲率为$(l,m,n,\alpha,L,M,N,P,Q,R)$. 并且 $\theta:I\to\mathbf{R}$ 是光滑函数满足 $\theta_t(t,\lambda)=l(t,\lambda)$, $\theta_\lambda(t,\lambda)=L(t,\lambda)$对于所有的$(t,\lambda)\in I\times\Lambda$ 成立，那么$(\lambda_{(a,b)},v_1,v_2):I\times\Lambda\to\mathbf{R}^3\times\Delta_2$ 也是单参数标架曲线族，曲率为

$$(l,m,n,\alpha+m(a\cos\theta+b\sin\theta)+n(a\sin\theta-b\cos\theta),L,M,N,P,Q,$$
$$R+M(a\cos\theta+b\sin\theta)+N(-a\sin\theta+b\cos\theta)).$$

并且如果 $e:U\to I\times\Lambda$ 是(γ,v)的前包络，那么 $e:U\to I\times\Lambda$ 也是$(\gamma_{(a,b)},v_1,v_2)$的前包络.

证明　因为

$$\begin{aligned}(\gamma_{(a,b)})_t(t,\lambda)&=(a\mu+(-a\theta_t\sin\theta+b\theta_t\cos\theta)v_1\\&\quad+(a\cos\theta+b\sin\theta)(lv_2+m\mu)(-a\theta_t\cos\theta-b\theta_t\sin\theta)v_2\\&\quad+(-a\sin\theta+b\cos\theta)(-lv_1+n\mu))(t,\lambda)\\&=((\alpha+m(a\cos\theta+b\sin\theta)\\&\quad+n(a\sin\theta-b\cos\theta))\mu(t,\lambda),(\gamma_{(a,b)})_\lambda(t,\lambda)\\&=(Pv_1+Qv_2+R\mu+(-a\theta_\lambda\sin\theta+b\theta_\lambda\cos\theta)v_1\\&\quad+(a\cos\theta+b\sin\theta)(Lv_2+M\mu)(-a\theta_\lambda\cos\theta-b\theta_\lambda\sin\theta)v_2\\&\quad+(-a\sin\theta+b\cos\theta)(-Lv_1+N\mu))(t,\lambda)\\&=(P_{v1}+Q_{v2}+(R+M(a\cos\theta+b\sin\theta)\\&\quad+N(-a\sin\theta+b\cos\theta)\mu)(t,\lambda),\end{aligned}$$

我们有 $(\gamma_{(a,b)})_t(t,\lambda)\cdot v_1(t,\lambda)=0$ 与$(\gamma_{(a,b)})_t(t,\lambda)\cdot v_2(t,\lambda)=0$ 对于所有的$(t,\lambda)\in I\times\Lambda$ 成立. 因此$(\gamma_{(a,b)},v_1,v_2)$ 为单参数标架曲线族. 从而 $\gamma(t,\lambda)$ 与 $\gamma_{(a,b)}(t,\lambda)$ 有相同的标架$\{v_1(t,\lambda),v_2(t,\lambda),\mu(t,\lambda)\}$. 我们有曲率

$$(l,m,n,\alpha+m(a\cos\theta+b\sin\theta)+n(a\sin\theta-b\cos\theta),L,M,N,P,Q,$$
$$R+M(a\cos\theta+b\sin\theta)+N(-a\sin\theta+b\cos\theta)).$$

如果 $e:U\to I\times\Lambda$ 是(γ,v_1,v_2)的前包络，那么

$$\gamma_\lambda(e(u))\cdot v_1(e(u))=0,\gamma_\lambda(e(u))\cdot v_2(e(u))=0$$

对于所有的 $u\in U$ 成立. 从而 $(\gamma_{(a,b)})_\lambda(e(u))\cdot v_1(e(u))=0$ 与 $(\gamma(a,b))_\lambda(e(u))\cdot v_2(e(u))=0$ 对于所有的 $u\in U$ 成立. 因此由定理 4.1.11 可知, $e:U\to I\times\Lambda$ 是 $(\gamma_{(a,b)},v_1,v_2)$ 的前包络. □

标架曲线的渐缩线也已经被定义[37]. 现在,我们定义单参数标架曲线族的渐缩线. 令 $f:I\times\Lambda\to\mathbf{R}$ 是光滑函数:

$$f(t,\lambda)=l(t,\lambda)(m^2(t,\lambda)+n^2(t,\lambda))+m(t,\lambda)n_t(t,\lambda)-m_t(t,\lambda)n(t,\lambda).$$

定义 4.2.5 设 $(\gamma,v_1,v_2):I\times\Lambda\to\mathbf{R}^3\times\Delta_2$ 是单参数标架曲线族, 曲率为 (l,m,n,a,L,M,N,P,Q,R). 假设 $f(t,\lambda)\neq 0$ 对于所有的 $(t,\lambda)\in I\times\Lambda$. 我们定义单参数标架曲线族 (γ,v) 的渐缩线为

$$\varepsilon(\gamma)(t,\lambda)=\gamma(t,\lambda)-I\,\frac{\begin{vmatrix}\alpha & n\\ \alpha_t & n_t\end{vmatrix}}{f}v_1(t,\lambda)+\frac{\begin{vmatrix}\alpha & m\\ \alpha_t & m_t\end{vmatrix}}{f}v_2(t,\lambda)$$

命题 4.2.6 设 $(\gamma,v_1,v_2):I\times\Lambda\to\mathbf{R}^3\times\Delta^2$ 是单参数标架曲线族,曲率为 $(l,m,n,\alpha,L,M,N,P,Q,R)$. 假设 $f(t,\lambda)\neq 0$ 对于所有的 $(t,\lambda)\in I\times\Lambda$ 成立,那么渐缩线 $\varepsilon(\gamma)$ 也是标架基曲线. 而且, $(\varepsilon(\gamma),\mu,n_1):I\times\Lambda\to\mathbf{R}^3\times\Delta_2$ 为单参数标架曲线族,曲率为 $(l_\varepsilon,m_\varepsilon,n_\varepsilon,\alpha_\varepsilon,L_\varepsilon,M_\varepsilon,N_\varepsilon,P_\varepsilon,Q_\varepsilon,R_\varepsilon)$, 这里

$$n_1=\frac{1}{\sqrt{m^2+n^2}}(mv_1+nv_2),$$

$$l_\varepsilon=-\sqrt{m^2+n^2},$$

$$m_\varepsilon=\frac{f}{m^2+n^2},$$

$$\alpha_\varepsilon=\frac{n}{\sqrt{m^2+n^2}}\left(\frac{\partial}{\partial t}\left(\frac{\begin{vmatrix}\alpha & n\\ \alpha_t & n_t\end{vmatrix}+\alpha lm}{f}\right)-l\,\frac{\begin{vmatrix}\alpha & m\\ \alpha_t & m_t\end{vmatrix}-\alpha ln}{f}\right)$$

$$+\frac{m}{\sqrt{m^2+n^2}}\left(\frac{\partial}{\partial t}\left(\frac{\begin{vmatrix}\alpha & m\\ \alpha_t & m_t\end{vmatrix}-\alpha l n}{f}-l\,\frac{\begin{vmatrix}\alpha & n\\ \alpha_t & n_t\end{vmatrix}+\alpha l m}{f}\right)\right),$$

$$L_\varepsilon=\frac{-mM-nN}{\sqrt{m^2+n^2}},M_\varepsilon=\frac{-mN+nN}{\sqrt{m^2+n^2}},$$

$$N_\varepsilon=\frac{-m_\lambda n+mn_\lambda+L(m^2+n^2)}{m^2+n^2},$$

$$P_\varepsilon=R-M\,\frac{\begin{vmatrix}\alpha & n\\ \alpha_t & n_t\end{vmatrix}+\alpha l m}{f}+N\,\frac{\begin{vmatrix}\alpha & m\\ \alpha_t & m_t\end{vmatrix}}{f},$$

$$Q_\varepsilon=\frac{m}{\sqrt{m^2+n^2}}\left(P-\frac{\partial}{\partial\lambda}\left(\frac{\begin{vmatrix}\alpha & n\\ \alpha_t & n_t\end{vmatrix}+\alpha l m}{f}\right)-L\,\frac{\begin{vmatrix}\alpha & m\\ \alpha_t & m_t\end{vmatrix}-\alpha l n}{f}\right)$$

$$+\frac{n}{\sqrt{m^2+n^2}}\left(Q+\frac{\partial}{\partial\lambda}\left(\frac{\begin{vmatrix}\alpha & m\\ \alpha_t & m_t\end{vmatrix}-\alpha l n}{f}\right)-L\,\frac{\begin{vmatrix}\alpha & n\\ \alpha_t & n_t\end{vmatrix}+\alpha l m}{f}\right),$$

$$R_\varepsilon=-\frac{n}{\sqrt{m^2+n^2}}\left(P-\frac{\partial}{\partial\lambda}\left(\frac{\begin{vmatrix}\alpha & n\\ \alpha_t & n_t\end{vmatrix}}{f}\right)-L\,\frac{\begin{vmatrix}\alpha & m\\ \alpha_t & m_t\end{vmatrix}-\alpha l n}{f}\right)$$

$$\frac{m}{\sqrt{m^2+n^2}}\left(Q+\frac{\partial}{\partial\lambda}\left(\frac{\begin{vmatrix}\alpha & m\\ \alpha_t & m_t\end{vmatrix}-\alpha l n}{f}\right)-L\,\frac{\begin{vmatrix}\alpha & n\\ \alpha_t & n_t\end{vmatrix}+\alpha l m}{f}\right)$$

证明　利用标架曲线的弗雷内公式,我们有

$$\varepsilon_t(\gamma)=\left(-\frac{\partial}{\partial t}\left(\frac{\begin{vmatrix}\alpha & n\\ \alpha_t & n_t\end{vmatrix}+\alpha l m}{f}\right)-l\,\frac{\begin{vmatrix}\alpha & m\\ \alpha_t & m_t\end{vmatrix}-\alpha l n}{f}\right)v_1$$

$$+\left(\frac{\partial}{\partial t}\frac{\begin{vmatrix}\alpha & n\\ \alpha_t & n_t\end{vmatrix}+\alpha lm}{f}-l\frac{\begin{vmatrix}\alpha & m\\ \alpha_t & m_t\end{vmatrix}-\alpha ln}{f}\right)v_1$$

$$+\left(\alpha-m\frac{\begin{vmatrix}\alpha & n\\ \alpha_t & n_t\end{vmatrix}+\alpha lm}{f}+n\frac{\begin{vmatrix}\alpha & m\\ \alpha_t & m_t\end{vmatrix}-\alpha ln}{f}\right)\mu,$$

$$\varepsilon_\lambda(\gamma)=\left(P-\frac{\partial}{\partial\lambda}\left(\frac{\begin{vmatrix}\alpha & n\\ \alpha_t & n_t\end{vmatrix}+\alpha lm}{f}\right)-L\frac{\begin{vmatrix}\alpha & m\\ \alpha_t & m_t\end{vmatrix}-\alpha ln}{f}\right)v_1$$

$$+\left(Q+\frac{\partial}{\partial\lambda}\left(\frac{\begin{vmatrix}\alpha & m\\ \alpha_t & m_t\end{vmatrix}-\alpha ln}{f}\right)-L\frac{\begin{vmatrix}\alpha & n\\ \alpha_t & n_t\end{vmatrix}+\alpha lm}{f}\right)v_2$$

$$+\left(R-M\frac{\begin{vmatrix}\alpha & n\\ \alpha_t & n_t\end{vmatrix}+\alpha lm}{f}+N\frac{\begin{vmatrix}\alpha & m\\ \alpha_t & m_t\end{vmatrix}-\alpha ln}{f}\right)\mu.$$

从而有 $\varepsilon_t(t,\lambda)\cdot\mu(t,\lambda)=0$ 和 $\varepsilon_t(t,\lambda)\cdot n_1(t,\lambda)=0$. 而且,因为 $\mu(t,\lambda)\cdot n_1(t,\lambda)=0$ 对于所有的 $(t,\lambda)\in I\times\Lambda$ 成立. $(\varepsilon(\gamma),\mu,n_1)$ 是标架曲线,那么我们有活动标架 $\{\mu(t,\lambda),n_1(t,\lambda),n_2(t,\lambda)\}$ 属于 $\varepsilon(\gamma)$, 这里

$$n_2(t,\lambda)=\mu(t,\lambda)\times n_1(t,\lambda)=\frac{1}{\sqrt{m^2+n^2}}(-nv_1+mv_2)(t,\lambda).$$

通过直接计算,我们得到 $(\varepsilon(\gamma),\mu,n_1)$ 的曲率为 $(l_\varepsilon,m_\varepsilon,n_\varepsilon,\alpha_\varepsilon,L_\varepsilon,M_\varepsilon,N_\varepsilon,P_\varepsilon,Q_\varepsilon,R_\varepsilon)$. □

利用推论 4.1.12,我们有命题 4.2.6 的推论.

推论 4.2.7 设 $e:U\to I\times\Lambda$ 为 $e(u)=(t(u),\lambda(u))$,那么我们有 e

是$(\varepsilon(\gamma),\mu,n_1)$的前包络当且仅当$P_\varepsilon(e(u))=Q_\varepsilon(e(u))=0$对于所有的$u\in U$成立.

4.3 例　　子

例 4.3.1　设n_1,n_2,n_3,k_1,k_2是自然数,并且$n_2=n_1+k_1$与$n_3=n_2+k_2$. $(\gamma,v_1,v_2):\mathbf{R}\times\mathbf{R}\to\mathbf{R}^3\times\Delta_2$为

$$\gamma(t,\lambda)=\left(\frac{1}{n_1}t^{n_1}+\lambda,\frac{1}{n_2}t^{n_2},\frac{1}{n_3}t^{n_3}\right)$$

$$v_1(t,\lambda)=\frac{-t^{k_1},1,0}{\sqrt{1+t^{2k_1}}},$$

$$v_2(t,\lambda)=\frac{(-t^{k_1+k_2},-t^{2k_1+k_2},1+t^{2k_1})}{\sqrt{(1+t^{2k_1})(1+t^{2k_1+2k_2})}}$$

那么(γ,v_1,v_2)是单参数标架曲线族. 通过直接计算,我们有

$$\mu(t,\lambda)=\frac{1}{\sqrt{1+t^{2k_1}+t^{2k_1+2k_2}}}(1,t^{k_1},k^{k_1+k_2}),$$

那么曲率为

$$l(t,\lambda)=\frac{k_1t^{2k_1+k_2-1}}{(1+t^{2k_1})\sqrt{1+t^{2k_1}+t^{2k_1+2k_2}}},$$

$$m(t,\lambda)=\frac{-k_1t^{k_1-1}}{\sqrt{(1+t^{2k_1})(1+t^{2k_1}+t^{2k_1+2k_2})}},$$

$$n(t,\lambda)=-\frac{t^{k_1+k_2-1}}{\sqrt{1+t^{2k_1}(1+t^{2k1}+t^{2k_1+2k_2})}},$$

$$\alpha(t,\lambda)=t^{n_1-1}\sqrt{1+t^{2k_1}+t^{2k_1+2k_2}},$$

$$L(t,\lambda)=t^{n_1-1}\sqrt{1+t^{2k_1}+t^{2k_1+2k_2}},$$

$$P(t,\lambda)=-\frac{t^{k_1}}{1+t^{2k_1}},$$

$$Q(t,\lambda)=-\frac{t^{k_1+k_2}}{\sqrt{(1+t^{2k_1})(1+t^{2k_1+2k_2})}},$$

$$R(t,\lambda)=\frac{1}{\sqrt{1+t^{2k_1}+t^{2k_1+2k_2}}}.$$

如果我们取 $e:\mathbf{R}\to\mathbf{R}\times\mathbf{R},e(u)=(0,u)$,我们有 $P(e(u))=Q(e(u))=0$ 对于所有的 $u\in\mathbf{R}$ 成立.因此 e 是前包络并且包络 $E_\gamma:\mathbf{R}\to\mathbf{R}^3$ 为 $E_\gamma(u)=(u,0,0)$.

例如,当 $n_1=2,n_2=3,n_3=4$ 时,我们有

$$\gamma(t,\lambda)=\left(\frac{1}{2}t^2+\lambda,\frac{1}{3}t^3,\frac{1}{4}t^4\right),$$

$$v_1(t,\lambda)=\frac{(-t,1,0)}{1+t^2},$$

$$v_2(t,\lambda)=\frac{(-t^2,-t^3,1+t^2)}{\sqrt{(1+t^2)(1+t^2+t^3)}}.$$

见图 4.1～图 4.3.

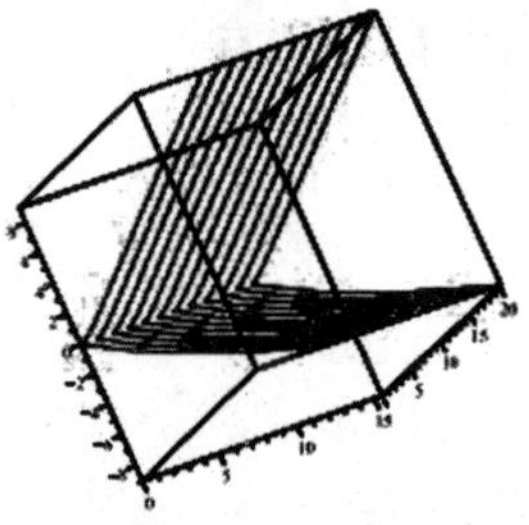

图 4.1　单参数标架曲线族 γ

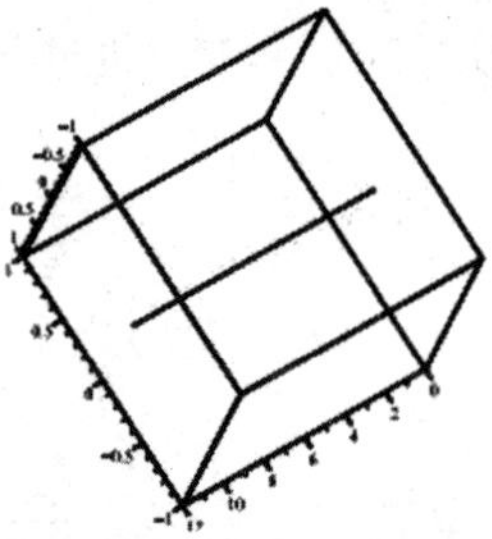

图 4.2　包络线 E_γ

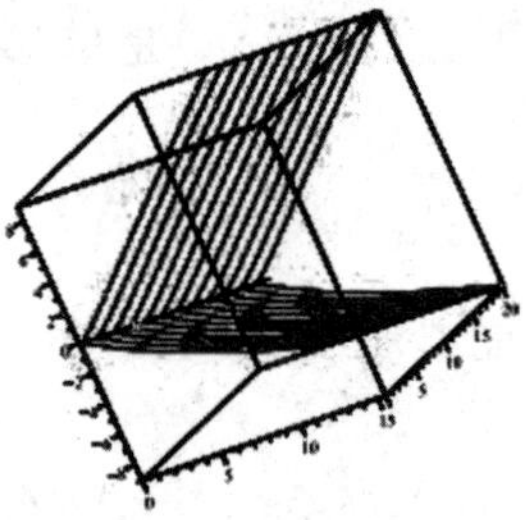

图 4.3　γ 与 E_γ

例 4.3.2　设 $n_1,n_2,n_3,m_1,m_2,m_3,k_1,k_2,h_1$ 与 h_2 是自然数,并且满足 $n_2=n_1+k_1,n_3=n_2+k_2,m_2=m_1+h_1,m_3=m_2+h_2$ 且 $h_1/k_1=h_2/k_2$(h_1 或 k_1 是 1 或者互质).如果$(\gamma,v_1,v_2):\mathbf{R}\times\mathbf{R}\to\mathbf{R}^3\times\Delta_2$ 为

$$\gamma(t,\lambda)=\left(\frac{t^{n_1}}{n_1}+\frac{\lambda m_1}{m_1},\frac{t^{m_2}}{n_2}+\frac{\lambda^{m_2}}{m_2},\frac{t^{n_3}}{n_3}+\frac{\lambda_{m_3}}{m_3}\right),$$

$$v_1(t,\lambda)=\frac{(-t^{k_1},1,0)}{\sqrt{1+t^{2k_1}}},$$

$$v_2(t,\lambda) = \frac{(-t^{k_1+k_2}, -t^{2k_1+k_2}, 1+t^{2k_1})}{\sqrt{(1+t^{2k_1})(1+t^{2k_1+2k_2})}},$$

那么(γ, v_1, v_2)为单参数标架曲线族.并且,由于 $\gamma_\lambda(t,\lambda)=(\lambda^{m_1-1}, \lambda^{m_2-1}, \lambda^{m_3-1})$,从而

$$\gamma_\lambda(t,\lambda) \cdot v_1(t,\lambda) = \frac{\lambda^{m_1-1}}{\sqrt{1+t^{2k_1}}}(-t^{k_1}+\lambda^{h_1}),$$

$$\gamma_\lambda(t,\lambda) \cdot v_2(t,\lambda) = \frac{\lambda^{m_1-1}}{\sqrt{(1+t^{2k_1})(1+t^{2k_1+2k_2})}} (-t^{k_1+k_2} - t^{2k_1+k_2}\lambda^{h_1} + (1+k^{2k_1})\lambda^{h_1+h_2}).$$

如果我们取 $e: \mathbf{R} \to \mathbf{R} \times \mathbf{R}$, $e(u) = (u^{h_1}, u^{k_1})$,那么我们有

$$\gamma_\lambda(e(u)) \cdot v_1(e(u)) = 0,$$

$$\gamma_\lambda(e(u)) \cdot v_2(e(u)) = 0$$

对于所有的 $u \in \mathbf{R}$ 成立.因此 e 是前包络,包络 $E_\gamma: \mathbf{R} \to \mathbf{R}^3$ 为

$$E_\gamma(u) = \left(\frac{u^{h_1 n_1}}{n_1} + \frac{uk_1 m_1}{m_1}, \frac{u^{h_1 n_2}}{n_2} + \frac{u^{k_1 m_2}}{m_2}, \frac{u^{h_1 n_3}}{n_3} + \frac{u^{k_1 m_3}}{m_3}\right).$$

例如,如果我们取$(n_1, n_2, n_3, m_1, m_2, m_3)=(2,3,4,2,3,4)$,则有单参数标架曲线族

$$\gamma(t,\lambda) = (t^2/2+\lambda^2/2, t^3/3+\lambda^3/3, t^4/4+\lambda^4/4),$$

包络线为 $E_\gamma(u)=(u^2, 2u^3/3, u^4/2)$,见图 4.4～图 4.6.

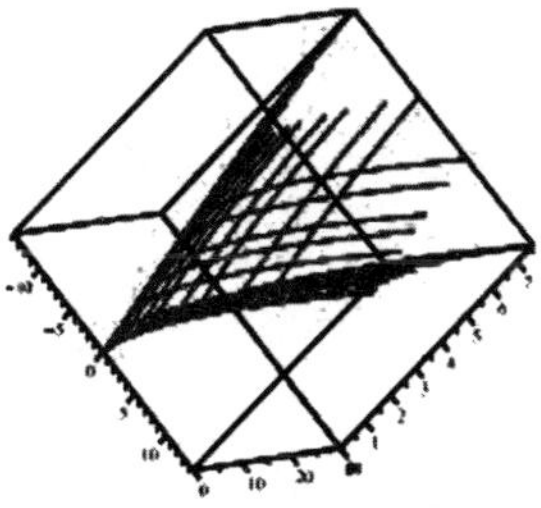

图 4.4　单参数标架曲线线 γ

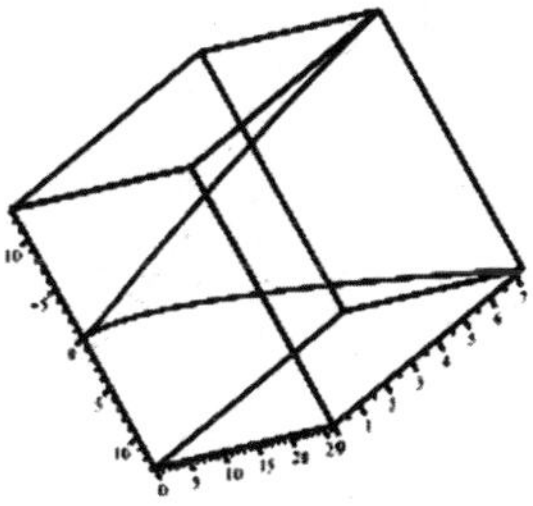

图 4.5　包络线 E_γ

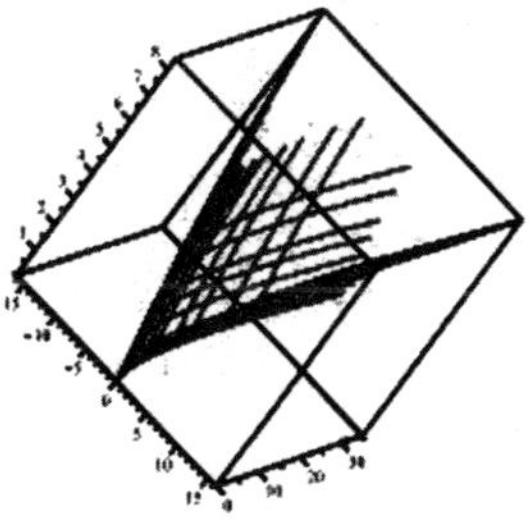

图 4.6　γ 与 E_γ

例 4.3.3　设$(p, v_{p1}, v_{p2}): [0, 2\pi) \to \mathbf{R}^3 \times \Delta_2$ 是星形线:

$$p(t)=(\cos^3 t-1,\sin^3 t,\cos 2t-1),$$

$$v_{p1}(t)=(-\sin t,-\cos t,0),$$

$$v_{p2}(t)=1/5(-4\cos t,4\sin t,3),$$

与$(q,v_{q1},v_{q2}):[0,2\pi)\to\mathbf{R}^3\times\Delta_2$ 为

$$q(\lambda)=(\cos^3\lambda,-\sin^3\lambda,\cos 2\lambda),$$

$$v_{q1}(t)=(\sin\lambda,-\cos\lambda,0),$$

$$v_{q2}(t)=1/5(-4\cos\lambda,-4\sin\lambda,3),$$

那么我们有 p 与 q 是标架曲线，且 $p(0)=(0,0,0)$，$v_{p1}(0)=(0,-1,0)$，$v_{p2}(0)=1/5(-4,0,3)$. 我们考虑单参数标架曲线族$(\gamma,v):[0,2\pi)\times[0,2\pi)\to\mathbf{R}^3\times\Delta_2$ 为

$$\gamma(t,\lambda)=q(\lambda)+A(\lambda)p(t),v_1(t,\lambda)=A(\lambda)v_{p1}(t),$$

$$v_2(t,\lambda)=A(\lambda)v_{p2}(t),$$

这里

$$A(\lambda)=\begin{pmatrix}\cos\lambda & -\sin\lambda & 0\\ \sin\lambda & \cos\lambda & 0\\ 0 & 0 & 1\end{pmatrix},$$

即

$$\gamma(t,\lambda)=\begin{pmatrix}\cos^3\lambda\\ -\sin^3\lambda\\ \cos 2\lambda\end{pmatrix}+\begin{pmatrix}\cos\lambda & -\sin\lambda & 0\\ \sin\lambda & \cos\lambda & 0\\ 0 & 0 & 1\end{pmatrix}\begin{pmatrix}\cos^3 t-1\\ \sin^3 t\\ \cos 2t-1\end{pmatrix},$$

$$v_1(t,\lambda)=\begin{pmatrix}\cos\lambda & -\sin\lambda & 0\\ \sin\lambda & \cos\lambda & 0\\ 0 & 0 & 1\end{pmatrix}\begin{pmatrix}-\sin t\\ -\cos t\\ 0\end{pmatrix},$$

$$v_2(t,\lambda)=1/5\begin{pmatrix}\cos\lambda & -\sin\lambda & 0\\ \sin\lambda & \cos\lambda & 0\\ 0 & 0 & 1\end{pmatrix}\begin{pmatrix}-4\cos t\\ 4\sin t\\ 3\end{pmatrix}.$$

(γ,v)满足条件 $v_1(0,\lambda)=v_{q1}(\lambda)$，$v_2(0,\lambda)=v_{q2}(\lambda)$，也就是说标架曲线 p 与标架曲线 q 的单位法向量一致. 我们记 $\mu_q(\lambda)=v_{q1}(\lambda)\times v_{q2}(\lambda)$，$\alpha_q(\lambda)=q_\lambda(\lambda)\cdot\mu_q(\lambda)$. 通过计算，我们有

$$\gamma_\lambda(t,\lambda)\cdot v_1(t,\lambda)=3\alpha_q(\lambda)\sin t-3\sin t(\cos^3-1)-\sin^3\cos t,$$

$$\gamma_\lambda(t,\lambda)\cdot v_2(t,\lambda)=3\alpha_q(\lambda)(12\cos t-12)-4(\cos^3-1)\cos t+4\sin^4 t.$$

如果我们取 $e:[0,2\pi)\to[0,2\pi)\times[0,2\pi)$，$e(u)=(0,u)$，则有

$$\gamma_\lambda(e(u))\cdot v_1(e(u))=0,\gamma_\lambda(e(u))\cdot v_2(e(u))=0$$

对于所有的 $u\in[0,2\pi)$成立. 因此 e 是前包络，包络为

$$E_\gamma(u)=q(u)=(\cos^3 u,-\sin^3 u,\cos 2u),$$

见图 4.7～图 4.9.

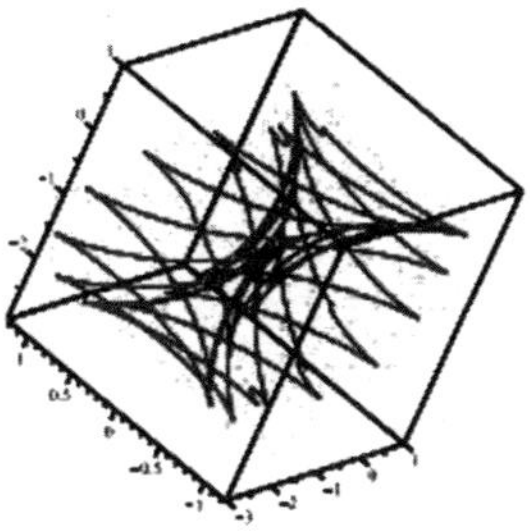

图 4.7　单参数标架曲线族 γ

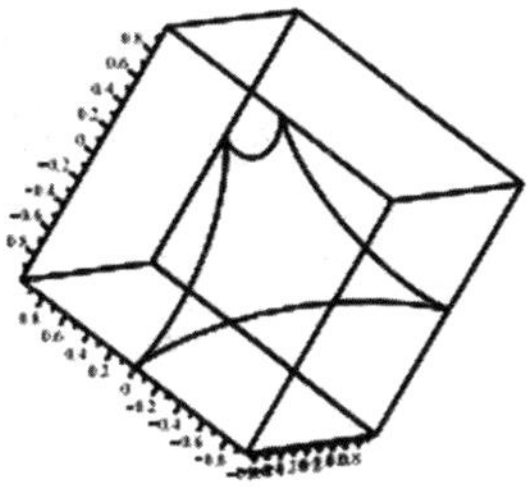

图 4.8　包络线 E_γ

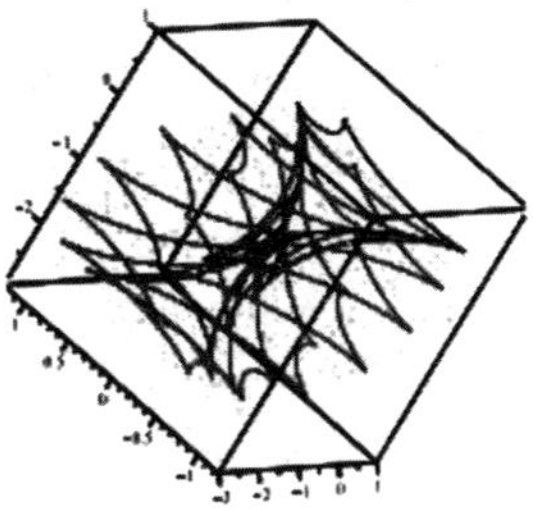

图 4.9　γ 与 E_γ

第5章 勒让德曲线、球面勒让德曲线与标架空间曲线之间的关系

本章将从曲线族本身和包络线的角度给出欧氏平面单位切丛上勒让德曲线、单位球面单位球丛上球面勒让德曲线与标架空间曲线之间的关系.

5.1 勒让德曲线与球面勒让德曲线的关系

记半球面 $S^+=\{(x,y,z)\in S^2 \mid z>0\}$.

现在我们考虑中心投影 $\varphi: S^+\to\mathbf{R}^2$ 为

$$\varphi(x,y,z)=\left(\frac{x}{z},\frac{y}{z}\right).$$

命题 5.1.1 设$(\gamma,v):I\times\Lambda\to\Delta$是单参数勒让德曲线族$(m,n,L,M,N)$并且$\gamma(I\times\Lambda)\subset S^+$. 我们记$\gamma(t,\lambda)=(x(t,\lambda),y(t,\lambda),z(t,\lambda))$, $v(t,\lambda)=(a(t,\lambda),b(t,\lambda),c(t,\lambda))$. 假设$(a(t,\lambda),b(t,\lambda))\neq(0,0)$对于所有的$(t,\lambda)\in I\times\Lambda$成立, 那么$(\widetilde{\gamma},\widetilde{v}):I\times\Lambda\to\mathbf{R}^2\times S^1$是单参数勒让德曲线族, 曲率为$(\widetilde{l},\widetilde{m},\widetilde{\beta})$, 这里

$$\widetilde{\gamma}(t,\lambda)=\phi\circ\gamma(t,\lambda)=\left(\frac{x(t,\lambda)}{z(t,\lambda)},\frac{y(t,\lambda)}{z(t,\lambda)}\right),$$

$$\widetilde{v}(t,\lambda)=\frac{1}{\sqrt{a^2(t,\lambda)+b^2(t,\lambda)}}(a(t,\lambda),b(t,\lambda)),$$

$$\tilde{l}(t,\lambda)=\frac{nz}{a^2+b^2}(t,\lambda),$$

$$\tilde{m}(t,\lambda)=\frac{Nz}{a^2+b^2}(t,\lambda),$$

$$\tilde{\beta}(t,\lambda)=\frac{mz^2+(xb-ya)z_t}{z^2\sqrt{a^2+b^2}}(t,\lambda).$$

证明　因为$(\gamma,v):I\times\Lambda\to\Delta$是单位球丛上单参数勒让德曲线族，我们有

$$\gamma(t,\lambda)\cdot v(t,\lambda)=0,\gamma_t(t,\lambda)\cdot v(t,\lambda)=0$$

对于所有的$(t,\lambda)\in I\times\Lambda$成立. 从而

$$x(t,\lambda)a_t(t,\lambda)+y(t,\lambda)b_t(t,\lambda)+z(t,\lambda)c_t(t,\lambda)=0.$$

并且

$$\begin{aligned}\mu(t,\lambda)&=\gamma(t,\lambda)\times v(t,\lambda)\\&=(y(t,\lambda)c(t,\lambda)-z(t,\lambda)b(t,\lambda),z(t,\lambda)a(t,\lambda)-x(t,\lambda)c(t,\lambda),\\&\quad x(t,\lambda)b(t,\lambda)-y(t,\lambda)a(t,\lambda)).\end{aligned}$$

通过计算，我们有

$$m(t,\lambda)=\gamma_t(t,\lambda)\cdot\mu(t,\lambda)=\frac{-x_tb+y_ta}{z}(t,\lambda),$$

$$n(t,\lambda)=v_t(t,\lambda)\cdot\mu(t,\lambda)=\frac{-a_tb+b_ta}{z}(t,\lambda),$$

$$N(t,\lambda)=v_\lambda(t,\lambda)\cdot\mu(t,\lambda)=\frac{-a_\lambda b+b_\lambda a}{z}(t,\lambda).$$

由假设$(a(t,\lambda),b(t,\lambda))\neq(0,0)$，$\tilde{v}:I\times\Lambda\to S^1$是光滑映射. 而且

$$\begin{aligned}\tilde{\gamma}_t(t,\lambda)=&(x_t(t,\lambda)z(t,\lambda)-x(t,\lambda)z_t(t,\lambda),\\&y_t(t,\lambda)z(t,\lambda)-y(t,\lambda)z_t(t,\lambda))/z^2(t,\lambda)\end{aligned}$$

$$\tilde{\gamma}_t(t,\lambda)\cdot\tilde{v}(t,\lambda)=0.$$

因此$(\tilde{\gamma},\tilde{v}):I\times\Lambda\to\mathbf{R}^2\times S^1$是单参数勒让德曲线族.

并且我们有

$$\tilde{\mu}(t,\lambda)=J(\tilde{v}(t,\lambda))=(-b(t,\lambda),a(t,\lambda))/\sqrt{a^2(t,\lambda)+b^2(t,\lambda)}$$

并且曲率为

$$\tilde{l}(t,\lambda)=\tilde{v}_t(t,\lambda)\cdot\tilde{\mu}(t,\lambda)=\frac{-a_tb+b_ta}{a^2+b^2}=\frac{nz}{a^2+b^2}(t,\lambda),$$

$$\tilde{m}=\tilde{v}_\lambda(t,\lambda)\cdot\tilde{\mu}(t,\lambda)=\frac{-a_\lambda b+b_\lambda a}{a^2+b^2}(t,\lambda)=\frac{Nz}{a^2+b^2}(t,\lambda),$$

$$\begin{aligned}\tilde{\beta}(t,\lambda)&=\tilde{\gamma}_t(t,\lambda)\cdot\tilde{\mu}(t,\lambda)\\&=\frac{(-x_tb+y_ta)z+(xb-ya)z_t}{z^2\sqrt{a^2+b^2}}(t,\lambda)\\&=\frac{mz^2+(xb-ya)z_t}{z^2\sqrt{a^2+b^2}}(t,\lambda).\end{aligned}$$

□

命题 5.1.2 在与命题 5.1.1 相同的条件下，假设 $e:U\to I\times\Lambda$ 是 (γ,v) 的包络并且 $E_\gamma:U\to S^2$ 是包络，那么 $e:U\to I\times\Lambda$ 也是 $(\tilde{\gamma},\tilde{v}):I\times\Lambda\to\mathbf{R}^2\times S^1$ 的包络. 并且我们有 $E_{\tilde{\gamma}}(u)=\tilde{E}_\gamma(u)$ 对于所有的 $u\in U$ 成立，这里 $E_{\tilde{\gamma}}=\tilde{\gamma}\circ e$，$\tilde{E}_\gamma=\varphi\circ E_\gamma$.

证明 因为 $(\gamma,v):I\times\Lambda\to\Delta$ 是单位球丛上的勒让德曲线族，$e:U\to I\times\Lambda$ 是 (γ,v) 的前包络，我们有

$$\gamma(t,\lambda)\cdot v(t,\lambda)=0,\gamma_\lambda(e(u))\cdot v(e(u))=0$$

对于所有的 $u\in U$ 成立. 从而有

$$\begin{aligned}&(a(t,\lambda)(x_\lambda(t,\lambda)z(t,\lambda)-x(t,\lambda)z_\lambda(t,\lambda))\\&+b(t,\lambda)(y_\lambda(t,\lambda)z(t,\lambda)-y(t,\lambda)z_\lambda(t,\lambda)))\circ e(u)=0,\end{aligned}$$

那么我们有 $\tilde{\gamma}_\lambda(e(u))\cdot\tilde{v}(e(u))=0$ 对于所有的 $u\in U$ 成立. 因此 $e:U\to I\times\Lambda$ 是 $(\tilde{\gamma},\tilde{v})$ 的前包络，而且我们有

$$E_{\tilde{\gamma}}(u)=\tilde{\gamma}\circ e(u)=\varphi\circ\gamma\circ e(u)=\varphi(E_\gamma(u))=\tilde{E}_\gamma(u)$$

对于所有的 $u\in U$ 成立. □

反之，我们有下面的结果.

命题 5.1.3　设 $(\tilde{\gamma},\tilde{v}):I\times\Lambda\to\mathbf{R}^2\times S^1$ 是单参数勒让德曲线族，曲率为 $(\tilde{l},\tilde{m},\tilde{\beta})$. 我们记 $\tilde{\gamma}(t,\lambda)=(x(t,\lambda),g(t,\lambda))$，$\tilde{v}(t,\lambda)=(a(t,\lambda),b(t,\lambda))$，那么 $(\gamma,v):I\times\Lambda\to\Delta\subset S^+\times S^2$ 是单位球丛上的勒让德曲线族，曲率为 (m,n,L,M,N)，这里

$$\gamma(t,\lambda)=\phi^{-1}\circ\tilde{\gamma}(t,\lambda)=\frac{(x,y,1)}{\sqrt{1+x^2+y^2}}(t,\lambda),$$

$$v(t,\lambda)=\frac{(a,b,-xa-yb)}{\sqrt{1+(xa+yb)^2}}(t,\lambda),$$

$$m(t,\lambda)=\frac{\tilde{\beta}+(y_tx-x_ty)(xa+yb)}{(1+x^2+y^2)\sqrt{1+(xa+yb)^2}}(t,\lambda),$$

$$n(t,\lambda)=\frac{\tilde{l}\sqrt{1+x^2+y^2}}{1+(xa+yb)^2}(t,\lambda),$$

$$L(t,\lambda)=\frac{x_\lambda a+y_\lambda b}{\sqrt{1+x^2+y^2}\sqrt{1+(xa+yb)^2}}(t,\lambda),$$

$$M(t,\lambda)=\frac{(y_\lambda x-x_\lambda y)(xa+yb)+y_\lambda a-x_\lambda b}{(1+x^2+y^2)\sqrt{1+(xa+yb)^2}}(t,\lambda),$$

$$N(t,\lambda)=\frac{\tilde{m}(1+x^2+y^2)+(x_\lambda a+y_\lambda b)(xb-ya)}{\sqrt{1+x^2+y^2}(1+(xa+yb)^2)}(t,\lambda).$$

证明　因为 $(\tilde{\gamma},\tilde{v}):I\times\Lambda\to\mathbf{R}^2\times S^1$ 是单参数勒让德曲线族，那么我们有

$$\tilde{\gamma}_t(t,\lambda)\cdot\tilde{v}(t,\lambda)=(x_ta+y_tb)(t,\lambda)=0$$

对于所有的 $(t,\lambda)\in I\times\Lambda$ 成立. 由定义，$\tilde{\mu}(t,\lambda)=J(\tilde{v}(t,\lambda))=(-b(t,\lambda),a(t,\lambda))$，从而，

$$\tilde{l}(t,\lambda)=(-a_tb+ab_t)(t,\lambda),$$

$$\tilde{\beta}(t,\lambda)=(-x_tb+y_ta)(t,\lambda),$$

$$\tilde{m}(t,\lambda)=(-a_\lambda b+ab_\lambda)(t,\lambda).$$

通过计算，我们有

$$\gamma_t(t,\lambda)=\frac{1}{1+x^2+y^2}((1+g^2)x_t-xyy_t,$$
$$(1+x^2)y_t-xx_ty,-xx_t-yyt)(t,\lambda),$$

那么

$$\gamma(t,\lambda)\cdot v(t,\lambda)=0,\gamma_t(t,\lambda)\cdot v(t,\lambda)=0$$

对于所有的$(t,\lambda)\in I\times\Lambda$成立. 因此$(\gamma,v):I\times\Lambda\to\Delta$是单位球丛上的勒让德曲线族. 由定义，$\mu(t,\lambda)$为

$$\begin{aligned}\mu(t,\lambda)&=\gamma(t,\lambda)\times v(t,\lambda)\\&=\frac{(-xya-(1+y^2)b,(1+x^2)a+xyb,xb-ya)}{\sqrt{(1+x^2+y^2)(1+(xa+yb)^2)}}(t,\lambda),\end{aligned}$$

通过计算，我们有(γ,v)的曲率为(m,n,L,M,N). □

命题 5.1.4 在与命题 5.1.3 相同的条件下，假设$e:U\to I\times\Lambda$是$(\tilde{\gamma},\tilde{v})$的前包络并且$E_{\tilde{\gamma}}:U\to\mathbf{R}^2$是包络，那么$e:U\to I\times\Lambda$也是$(\gamma,v):I\times\Lambda\to\Delta\subset S^+\times S^2$的前包络，而且我们有$\varphi^{-1}\circ E_{\tilde{\gamma}}(u)=E_\gamma(u)$对于所有的$u\in U$成立.

证明 因为$e:U\to I\times\Lambda$是$(\tilde{\gamma},\tilde{v})$的前包络，我们有$\tilde{\gamma}_\lambda(e(u))\cdot\tilde{v}(e(u))=0$对于所有的$u\in U$成立. 从而

$$(x_\lambda(t,\lambda)\cdot a(t,\lambda)+y_\lambda(t,\lambda)\cdot b(t,\lambda))\circ e(u)=0.$$

通过计算，我们有$T_\lambda(e(u))\cdot v(e(u))=0$对于所有的$u\in U$成立. 由定理，$e:U\to I\times\Lambda$是$(\gamma,v)$的前包络，而且我们有

$$\varphi^{-1}\circ E_{\tilde{\gamma}}(u)=\varphi^{-1}\circ\tilde{\gamma}\circ e(u)=\gamma\circ e(u)=E_\gamma(u)$$

对于所有的$u\in U$成立. □

并且我们考虑投射$\pi:S^+\to D^2\subset\mathbf{R}^2$为$\pi(x,y,z)=(x,y)$，这里

$$D^2 = \{(x,y) \in \mathbf{R}^2 \mid x^2 + y^2 < 1\}.$$

命题 5.1.5　设$(\gamma,v):I\times\Lambda\to\Delta$是单位球丛上的勒让德曲线的包络，曲率为$(m,n,L,M,N)$并且$\gamma(I\times\Lambda)\subset S^+$. 我们记

$\gamma(t,\lambda) = (x(t,\lambda), y(t,\lambda), z(t,\lambda)), v(t,\lambda) = (a(t,\lambda), b(t,\lambda), c(t,\lambda))$，那么$(\tilde{\gamma},\tilde{v}):I\times\Lambda\to D^2\times S^1$是欧氏平面单位切丛上的单参数勒让德曲线族，曲率为$(\tilde{l},\tilde{m},\tilde{\beta})$，这里

$$\tilde{\gamma}(t,\lambda) = \pi\circ\gamma(t,\lambda) = (x(t,\lambda), y(t,\lambda)),$$

$$\tilde{v}(t,\lambda) = \frac{(za-xc, zb-yc)}{\sqrt{(za-xc)^2+(zb-yc)^2}}(t,\lambda)$$

$$\tilde{l}(t,\lambda) = \frac{nz+xy_t-x_ty}{(za-xc)^+(zb-yc)^2}(t,\lambda),$$

$$\tilde{m}(t,\lambda) = \frac{Nz+xy_\lambda-x_\lambda y}{(za-xc)^2+(zb-yc)^2}(t,\lambda),$$

$$\tilde{\beta}(t,\lambda) = \frac{m-(xb-ya)z_t}{\sqrt{(xa-xc)^2+(zb-yc)^2}}(t,\lambda).$$

证明　如果$z(t,\lambda)a(t,\lambda)-x(t,\lambda)c(t,\lambda)=0$并且$z(t,\lambda)b(t,\lambda)-y(t,\lambda)c(t,\lambda)=0$，那么，

$$a(t,\lambda) = 从(t,\lambda)c(t,\lambda)/z(t,\lambda),\quad b(t,\lambda) = g(t,\lambda)c(t,\lambda)/z(t,\lambda).$$

因为$v(t,\lambda)\in S^2$，我们有$c^2(t,\lambda)=z^2(t,\lambda)$. 因此$c(t,\lambda)=\pm z(t,\lambda)$. 从而

$$a(t,\lambda) = \pm x(t,\lambda), b(t,\lambda) = \pm y(t,\lambda).$$

我们有$\gamma(t,\lambda)\cdot v(t,\lambda)=0$对于所有的$(t,\lambda)\in I\times\Lambda$成立. 因此$\tilde{v}:I\times\Lambda\to S^1$是光滑映射. 由

$$(x_ta+y_tb+z_tc)(t,\lambda)=0, (x_tx+y_ty+z_tz)(t,\lambda)=0,$$

我们有

$$\tilde{\gamma}_t(t,\lambda)\cdot\tilde{v}(t,\lambda)=0$$

对于所有的$(t,\lambda)\in I\times\Lambda$成立. 因此$(\tilde{\gamma},\tilde{v}):I\times\Lambda\to D^2\times S^1$是单参数勒让德曲线族. 并且我们有$(\tilde{\gamma},\tilde{v})$的曲率为$(\tilde{l},\tilde{m},\tilde{\beta})$. □

命题 5.1.6 在与命题 5.1.5 相同的条件下,假设$e:U\to I\times\Lambda$是(γ,v)的前包络,$E_\gamma:U\to S^2$是包络. 那么$e:U\to I\times\Lambda$也是$(\tilde{\gamma},\tilde{v}):I\times\Lambda\to D^2\times S^1$的前包络,而且我们有$E_{\tilde{\gamma}}(u)=\tilde{E}_\gamma(u)$对于所有的$u\in U$成立,这里$E_{\tilde{\gamma}}=\tilde{\gamma}\circ e$与$\tilde{E}_\gamma=\pi\circ E_\gamma$.

证明 因为$e:U\to I\times\Lambda$是(γ,v)的前包络,我们有$\gamma_\lambda(e(u))\cdot v(e(u))=0$对于所有的$u\in U$成立. 从而

$$(x_\lambda(t,\lambda)(a(t,\lambda)z(t,\lambda)-x(t,\lambda)c(t,\lambda))$$

$$+y_\lambda(t,\lambda)(b(t,\lambda)z(t,\lambda)-y(t,\lambda)c(t,\lambda)))\circ e(u)=0.$$

通过计算,我们有$\tilde{\gamma}_\lambda(e(U))\cdot\tilde{v}(e(U))=0$对于所有的$u\in U$成立. 因此$e:U\to I\times\Lambda$是$(\tilde{\gamma},\tilde{v})$的前包络. 而且,我们有

$$E_{\tilde{\gamma}}(U)=\tilde{\gamma}\circ e(U)=\pi\circ\gamma\circ e(U)=\pi(E_\gamma(u))=\tilde{E}T(U)$$

对于所有的$u\in U$成立. □

反之,我们有下面的结果.

命题 5.1.7 设$(\tilde{\gamma},\tilde{v}):I\times\Lambda\to D^2\times S^1$是单参数勒让德曲线族,曲率为$(\tilde{l},\tilde{m},\tilde{\beta})$. 我们记

$$\tilde{\gamma}(t,\lambda)=(x(t,\lambda),y(t,\lambda)),\tilde{v}(t,\lambda)=(a(t,\lambda),b(t,\lambda)),$$

那么有$(\gamma,v):I\times\Lambda\to\Delta\subset S^+\times S^2$是单参数勒让德曲线族,这里

$$\gamma(t,\lambda)=\pi^{-1}\circ\tilde{\gamma}(t,\lambda)=(x(t,\lambda),y(t,\lambda)z(t,\lambda)),$$

$$v(t,\lambda)=\frac{1}{\sqrt{1-(xa+yb)^2}}$$

$$(a-x(xa-yb),b-y(xa-yb),-z(xa+yb))(t,\lambda).$$

这里我们令$z(t,\lambda)=\sqrt{1-x(t,\lambda)^2-y(t,\lambda)^2}$.

证明 因为$\tilde{\gamma}(t,\lambda)\cdot\tilde{\gamma}(t,\lambda)<1$并且$\tilde{v}(t,\lambda)\cdot\tilde{v}(t,\lambda)=1$,我们有

$$x(t,\lambda)a(t,\lambda)+y(t,\lambda)b(t,\lambda)<1$$

对于所有的$(t,\lambda)\in I\times\Lambda$成立. 因此$v:I\times\Lambda\to S^2$是光滑映射. 由与命题5.1.5相同的假设,我们有

$$\tilde{l}(t,\lambda)=-a_t(t,\lambda)b(t,\lambda)+a(t,\lambda)b_t(t,\lambda),$$

$$\tilde{\beta}(t,\lambda)=-x_t(t,\lambda)b(t,\lambda)+yt(t,\lambda)a(t,\lambda),$$

$$\tilde{m}(t,\lambda)=-a_\lambda(t,\lambda)b(t,\lambda)+a(t,\lambda)b_\lambda(t,\lambda).$$

因为

$$\gamma_t(t,\lambda)=\left(x_t(t,\lambda),y_t(t,\lambda),-\frac{x(t,\lambda)x_t(t,\lambda)-y(t,\lambda)y_t(t,\lambda)}{z(t,\lambda)}\right),$$

$$x^2(t,\lambda)+y^2(t,\lambda)+z^2(t,\lambda)=1,$$

我们有$\gamma(t,\lambda)\cdot v(t,\lambda)=0$与$\gamma_t(t,\lambda)\cdot v(t,\lambda)=0$对于所有的$(t,\lambda)\in I\times\Lambda$成立. 因此$(\gamma,v):I\times\Lambda\to\Delta\subset S^+\times S^2$是单参数勒让德曲线族. □

命题 5.1.8　在与命题5.1.7相同的条件下,假设$e:U\to I\times\Lambda$是$(\tilde{\gamma},\tilde{v})$的前包络并且$E_{\tilde{\gamma}}:U\to\mathbf{R}^2$是包络,那么$e:U\to I\times\Lambda$也是$(\gamma,v)$: $I\times\Lambda\to\Delta\subset S^+\times S^2$的前包络. 而且我们有$\pi^{-1}\circ E_{\tilde{\gamma}}(u)=E_\gamma(u)$对于所有的$u\in U$成立.

证明　因为$e:U\to I\times\Lambda$是$(\tilde{\gamma},\tilde{v})$的前包络,我们有$\tilde{\gamma}_\lambda(e(u))\cdot\tilde{v}(e(u))=0$对于所有的$u\in U$成立. 从而有

$$(x_\lambda(t,\lambda)\cdot a(t,\lambda)+y_\lambda(t,\lambda)\cdot b(t,\lambda))\circ e(u)=0.$$

通过计算,我们有$\gamma_\lambda(e(u))\cdot v(e(u))=0$对于所有的$u\in U$成立. 由定理,$e:U\to I\times\Lambda$是$(\gamma,v)$的前包络. 而且我们有

$$\pi^{-1}\circ E_{\tilde{\gamma}}(u)=\pi^{-1}\circ\tilde{\gamma}\circ e(u)=\gamma\circ e(u)=E_\gamma(u)$$

对于所有的$u\in U$成立. □

5.2 勒让德曲线与标架空间曲线的关系

设$(\gamma,v_1,v_2):I\times\Lambda\to\mathbf{R}^3\times\Delta^2$ 是单参数勒让德曲线族,曲率为(l,m,n,a,L,M,N,P,Q,R). 对于给定的点$(t_0,\lambda_0)\in I\times\Lambda$,我们现在分别考虑从$\mathbf{R}^3$ 到$v_1(t_0,\lambda_0)$和$v_2(t_0,\lambda_0)$两个方向的投射. 首先我们考虑γ到$v_1(t_0,\lambda_0)$方向的投射. 我们记

$$\gamma_{v1}:I\times\Lambda\to\mathbf{R}^2,t\mapsto(\gamma(t,\lambda)\cdot v_2(t_0,\lambda_0),\gamma(t,\lambda)\cdot\mu(t_0,\lambda_0)),$$

那么$(\gamma_{v1})_t(t,\lambda)=\alpha(\mu\cdot v_2(t_0,\lambda_0),\mu\cdot\mu(t_0,\lambda_0))(t,\lambda)$. 存在包含$(t_0,\lambda_0)$的$I$的子区间$I_1$ 和Λ的子区间Λ_1 使得$(\mu(t,\lambda)\cdot v_2(t_0,\lambda_0))^2+(\mu(t,\lambda)\cdot\mu(t_0,\lambda_0))^2\neq 0$对于所有的$(t,\lambda)\in I_1\times\Lambda_1$ 成立.

命题 5.2.1 设$(\gamma,v_1,v_2):I\times\Lambda\to\mathbf{R}^3\times\Delta_2$ 是单参数标架曲线族,曲率为$(l,m,n,\alpha,L,M,N,P,Q,R)$. 那么$(\gamma_{v1},v_{v1}):(I_1\times\Lambda_1,(t_0,\lambda_0))\to\mathbf{R}^2\times S^1$ 是单参数勒让德曲线族,曲率为$(l_{v1},\alpha_{v1},L_{v1},P_{v1},R_{v1})$,这里

$$v_{v1}=\frac{1}{\sqrt{(\mu\cdot v_2(t_0,\lambda_0))+(\mu\cdot\mu(t_0,\lambda_0))}}(\mu\cdot\mu(t_0,\lambda_0),-\mu\cdot v_2(t_0,\lambda_0))(t,\lambda),$$

$$\begin{aligned}l_{v1}(t,\lambda)=&\frac{1}{(\mu\cdot v_2(t_0,\lambda_0))^2+(\mu\cdot\mu(t_0,\lambda_0))^2}\\&(l((v_1\cdot v_2(t_0,\lambda_0))(\mu\cdot\mu(t_0,\lambda_0))\\&-(v_1\cdot\mu(t_0,\lambda_0))(\mu\cdot v_2(t_0,\lambda_0)))\\&+n((v_2\cdot v_2(t_0,\lambda_0))(\mu\cdot\mu(t_0,\lambda_0))\\&-(v_2\cdot\mu(t_0,\lambda_0))(\mu\cdot v_2(t_0,\lambda_0))))(t,\lambda),\end{aligned}$$

$$\alpha_{v1}(t,\lambda)=\alpha\sqrt{(\mu\cdot v_2(t_0,\lambda_0))^2+(\mu\cdot\mu(t_0,\lambda_0))^2}(t,\lambda),$$

$$L_{v_1}(t,\lambda)=\frac{1}{(\mu\cdot v_2(t_0,\lambda_0))^2+(\mu\cdot\mu(t_0,\lambda_0))^2}$$

$$(L((v_1\cdot v_2(t_0,\lambda_0))(\mu\cdot\mu(t_0,\lambda_0))$$

$$-(v_1\cdot\mu(t_0,\lambda_0))(\mu\cdot v_2(t_0,\lambda_0))))$$

$$+N((v_2\cdot v_2(t_0,\lambda_0))(\mu\cdot\mu(t_0,\lambda_0))$$

$$-(v_2\cdot\mu(t_0,\lambda_0))(\mu\cdot v_2(t_0,\lambda_0))))(t,\lambda),$$

$$P_{v_1}(t,\lambda)=\frac{1}{\sqrt{(\mu\cdot v_2(t_0,\lambda_0))^2+(\mu\cdot\mu(t_0,\lambda_0))^2}}$$

$$(P((v_1\cdot v_2(t_0,\lambda_0))(\mu\cdot\mu(t_0,\lambda_0))$$

$$-(v_1\cdot\mu(t_0,\lambda_0))(\mu\cdot v_2(t_0,\lambda_0))))$$

$$+Q((v_2\cdot v_2(t_0,\lambda_0))(\mu\cdot\mu(t_0,\lambda_0))$$

$$-(v_2\cdot\mu(t_0,\lambda_0))(\mu\cdot v_2(t_0,\lambda_0))))(t,\lambda)$$

$$R_{v_1}(t,\lambda)=\frac{1}{\sqrt{(\mu\cdot v_2(t_0,\lambda_0))^2+(\mu\cdot\mu(t_0,\lambda_0))^2}}$$

$$(P((v_1\cdot v_2(t_0,\lambda_0))(\mu\cdot v_2(t_0,\lambda_0))$$

$$+(v_1\cdot\mu(t_0,\lambda_0))(\mu\cdot\mu(t_0,\lambda_0))))$$

$$+Q((v_2\cdot v_2(t_0,\lambda_0))(\mu\cdot v_2(t_0,\lambda_0))$$

$$+(v_2\cdot\mu(t_0,\lambda_0))(\mu\cdot\mu(t_0,\lambda_0)))$$

$$+R((\mu\cdot v_2(t_0,\lambda_0))^2+(\mu\cdot\mu(t_0,\lambda_0))^2))(t,\lambda)$$

证明　我们定义光滑映射 $v_{v_1}:(I_1\times\Lambda_1,(t_0,\lambda_0))\to S^1$ 为

$$v_{v_1}=\frac{1}{\sqrt{(\mu\cdot v_2(t_0,\lambda_0))^2+(\mu\cdot\mu(t_0,\lambda_0))^2}}$$

$$(\mu\cdot\mu(t_0,\lambda_0),-\mu\cdot v_2(t_0,\lambda_0))(t,\lambda)$$

那么$(\lambda_{v_1},v_{v_1}):(I_1\times\Lambda_1,(t_0,\lambda_0))\to\mathbf{R}_2\times S^1$ 是单参数勒让德曲线族. 由于 $\mu_{v_1}:(I_1\times\Lambda_1,(t_0,\lambda_0))\to S^1$ 的表达式为

$$\mu_{v_1}(t,\lambda)=J(v_{v_1})(t,\lambda)$$

$$=\frac{1}{\sqrt{(\mu\cdot v_2(t_0,\lambda_0))^2+(\mu\cdot\mu(t_0,\lambda_0))^2}}$$

$$(\mu\cdot v_2(t_0,\lambda_0),\mu\cdot\mu(t_0,\lambda_0))(t,\lambda).$$

通过计算,我们有(γ_{v1},v_{v_1})的曲率为$(L_{v_1},\alpha_{v_1},L_{v_1},P_{v_1},R_{v_1})$. □

命题 5.2.2 在与命题 5.2.1 相同的条件下,假设 $e:U\to I_1\times\Lambda_1$ 是(γ,v_1,v_2)的前包络,那么 $e:U\to I_1\times\Lambda_1$ 也是$(\gamma_{v1},v_{v_1}):(I_1\times\Lambda_1,(t_0,\lambda_0))\to\mathbf{R}^2\times S^1$ 的前包络.

证明 因为$(\gamma,v_1,v_2):I\times\Lambda\to\mathbf{R}^3\times\Delta_2$ 是单参数标架曲线,曲率为(l,m,n,a,L,M,N,P,Q,R). $e:U\to I\times\Lambda$ 是(γ,v_1,v_2)的前包络,我们有 $P(e(u))=Q(e(u))=0$ 对于所有的 $u\in U$ 成立,从而 $P_{v_1}(e(u))=0$ 对于所有的 $u\in U$ 成立. 因此 $e:U\to I_1\times\Lambda_1$ 是(γ_{v_1},v_{v_1})的前包络. □

我们也考虑 γ 延 $v_2(t_0,\lambda_0)$方向的投射. 记 $\gamma_{v_2}:I\times\Lambda\to\mathbf{R}^2$. $t\mapsto(\gamma(t,\lambda)\cdot v_1(t_0,\lambda_0),\gamma(t,\lambda)\cdot\mu(t_0,\lambda_0))$. 存在包含点$(t_0,\lambda_0)I$ 的子区间 I_2 与 Λ 的子区间 Λ_2,使得

$$(\mu(t,\lambda)\cdot v_1(t_0,\lambda_0))^2+(\mu(t,\lambda)\cdot\mu(t_0,\lambda_0))^2\neq 0$$

对于所有的$(t,\lambda)\in I_2\times\Lambda_2$ 成立.

命题 5.2.3 设$(\gamma,v_1,v_2):I\times\Lambda\to\mathbf{R}^3\times\Delta_2$ 是单参数标架曲线族,曲率为(l,m,n,a,L,M,N,P,Q,R),那么$(\gamma_{v_2},v_{v_2}):(I^2\times\Lambda_2,(t_0,\lambda_0))\to\mathbf{R}^2\times S^1$ 是单参数勒让德曲线族,曲率为$(l_{v_2},\alpha_{v_2},L_{v_2},P_{v_2},R_{v_2})$,这里

$$v_{v_2}(t,\lambda)=\frac{1}{\sqrt{(\mu\cdot v_1(t_0,\lambda_0))^2+(\mu\cdot\mu(t_0,\lambda_0))^2}}$$

$$(\mu\cdot\mu(t_0,\lambda_0),-\mu\cdot v_1(t_0,\lambda_0))(t,\lambda),$$

$$l_{v_2}(t,\lambda)=\frac{1}{(\mu\cdot v_1(t_0,\lambda_0))^2+(\mu\cdot\mu(t_0,\lambda_0))^2}$$

$$(l((v_1\cdot v_1(t_0,\lambda_0))(\mu\cdot\mu(t_0,\lambda_0))$$

$$-(v_1\cdot\mu(t_0,\lambda_0))(\mu\cdot v_1(t_0,\lambda_0))))$$

$$+n((v_2\cdot v_1(t_0,\lambda_0))(\mu\cdot\mu(t_0,\lambda_0))$$

$$-v_2\cdot\mu(t_0,\lambda_0))(\mu\cdot v_1(t_0,\lambda_0))(t,\lambda),$$

$$\alpha_{v_2}(t,\lambda)=\alpha\sqrt{(\mu\cdot v_1(t_0,\lambda_0))^2+(\mu\cdot\mu(t_0,\lambda_0))^2}(t,\lambda),$$

$$L_{v_2}(t,\lambda)=\frac{1}{(\mu\cdot v_1(t_0,\lambda_0))^2+(\mu\cdot\mu(t_0,\lambda_0))^2}$$

$$(L((v_1\cdot v_1(t_0,\lambda_0))(\mu\cdot\mu(t_0,\lambda_0))$$

$$-(v_2\cdot\mu(t_0,\lambda_0))(\mu\cdot v_1(t_0,\lambda_0))))$$

$$+N((v_2\cdot v_1(t_0,\lambda_0))(\mu\cdot\mu(t_0,\lambda_0))$$

$$-(v_2\cdot\mu(t_0,\lambda_0))(\mu\cdot v_1(t_0,\lambda_0)))(t,\lambda),$$

$$P_{v_2}(t,\lambda)=\frac{1}{\sqrt{(\mu\cdot v_1(t_0,\lambda_0))^2+(\mu\cdot\mu(t_0,\lambda_0))^2}}$$

$$(P((v_1\cdot v_1(t_0,\lambda_0))(\mu\cdot\mu(t_0,\lambda_0))$$

$$-(v_1\cdot\mu(t_0,\lambda_0))(\mu\cdot v_1(t_0,\lambda_0))))$$

$$+Q((v_2\cdot v_1(t_0,\lambda_0))(\mu\cdot\mu(t_0,\lambda_0))$$

$$-(v_2\cdot\mu(t_0,\lambda_0))(\mu\cdot v_1(t_0,\lambda_0)))(t,\lambda),$$

$$R_{v_2}=\frac{1}{\sqrt{(\mu\cdot v_1(t_0,\lambda_0))^2+(\mu\cdot\mu(t_0,\lambda_0))^2}}$$

$$(P((v_1\cdot v_1(t_0,\lambda_0))(\mu\cdot v_1(t_0,\lambda_0))$$

$$+(v_1\cdot\mu(t_0,\lambda_0))(\mu\cdot\mu(t_0,\lambda_0))))$$

$$+Q((v_2\cdot v_1(t_0,\lambda_0))(\mu\cdot v_1(t_0,\lambda_0))$$

$$+(v_2\cdot\mu(t_0,\lambda_0))(\mu\cdot\mu(t_0,\lambda_0)))$$

$$+R((\mu\cdot v_1(t_0,\lambda_0))^2+(\mu\cdot\mu(t_0,\lambda_0))^2)(t,\lambda).$$

命题 5.2.4　在与命题 5.2.3 相同的条件下，假设 $e:U\to I_2\times\Lambda_2$ 是 (γ,v_1,v_2) 的前包络，那么 $e:U\to I_2\times\Lambda_2$ 也是 $(\gamma_{v_2},v_{v_2}):(I_2\times\Lambda_2,(t_0,\lambda_0))\to\mathbf{R}^2\times S^1$ 的前包络.

5.3 球面勒让德曲线与标架空间曲线的关系

命题 5.3.1 设$(\gamma,v_1,v_2):I\times\Lambda\to\mathbf{R}^3\times\Delta_2$是单参数标架曲线族，曲率为$(L,m,n,a,L,M,P,Q,R)$. 假设$\gamma(t,\lambda)$是非零的. 我们记

$$\widetilde{\gamma}(t,\lambda)=\gamma(t,\lambda)/|\gamma(t,\lambda)|$$

$$\widetilde{\gamma}(t,\lambda)=a(t,\lambda)v_1(t,\lambda)+b(t,\lambda)v_2(t,\lambda)+c(t,\lambda)\mu(t,\lambda)$$

并且$a^2(t,\lambda)+b^2(t,\lambda)+c^2(t,\lambda)=1$与$a^2(t,\lambda)+b^2(t,\lambda)\neq 0$对于所有的$(t,\lambda)\in I\times\Lambda$成立. 如果$\widetilde{v}(t,\lambda)=(\widetilde{\gamma}\times\mu/|\widetilde{\gamma}\times\mu|)(t,\lambda)$，那么$(\widetilde{\gamma},\widetilde{v}):I\times\Lambda\to\Delta_2\subset S^2\times S^2$是球面勒让德曲线，曲率为

$$\widetilde{m}(t,\lambda)=-\frac{am+bn+c_t}{\sqrt{a^2+b^2}}(t,\lambda),$$

$$\widetilde{n}=\frac{(a^2+b^2)(an-bm+cl)+(ab_t-a_tb)c}{\sqrt{a^2+b^2}}(t,\lambda),$$

$$\widetilde{L}(t,\lambda)=\frac{-a(b_\lambda+aL-cN)+b(a_\lambda-bL-cM)}{\sqrt{a^+b^2}}(t,\lambda),$$

$$\widetilde{M}(t,\lambda)=-\frac{aM+bN+c_\lambda}{\sqrt{a^2+b^2}}(t,\lambda),$$

$$\widetilde{N}(t,\lambda)=\frac{(a^2+b^2)(aN-bM+cL)+(ab_\lambda-a_\lambda b)c}{\sqrt{a^2+b^2}}(t,\lambda).$$

证明 因为

$$\widetilde{\gamma}(t,\lambda)=\gamma(t,\lambda)/|\gamma(t,\lambda)|$$

$$\widetilde{v}(t,\lambda)=((bv_1-av_2)/\sqrt{a^2+b^2})(t,\lambda),$$

我们有$\widetilde{\gamma}(t,\lambda)\cdot\widetilde{v}(t,\lambda)=0$与$\widetilde{\gamma}_t(t,\lambda)\cdot\widetilde{v}(t,\lambda)=0$对于所有的$(t,\lambda)\in I\times\Lambda$成立. 因此$(\widetilde{\gamma},\widetilde{v}):I\times\Lambda\to\Delta_2\subset S^2\times S^2$是球面勒让德曲线. 通过

计算，我们有

$$\widetilde{\mu}(t,\lambda)=\frac{1}{\sqrt{a^2+b^2}}(acv_1+bcv_2-(a^2+b^2)\mu)(t,\lambda).$$

由球面勒让德曲线的弗雷内公式，我们有

$$\widetilde{\gamma}t(t,\lambda)=((a_t-bl-cm)v_1+(b_t+al-cn)v_2$$
$$+(c_t+am+bn)\mu)(t,\lambda),$$
$$\widetilde{\gamma}_\lambda(t,\lambda)=((a_\lambda-bL-cM)v_1+(b_\lambda+aL-cN)v_2$$
$$+(c_\lambda+aM+bN)\mu)(t,\lambda),$$
$$\widetilde{v}_t(t,\lambda)=\frac{1}{(a^2+b^2)\dfrac{3}{2}}((b_ta^2+a(a^2+b^2)l-a_tab)v_1$$
$$+(-a_tb^2+b(a^2+b^2)l+b_tab)v_2$$
$$+(a^2+b^2)(-an+bm)\mu)(t,\lambda),$$
$$\widetilde{v}_\lambda(t,\lambda)=\frac{1}{(a^+b^2)^{\frac{3}{2}}}((b_\lambda a^2+a(a^2+b^2)L-a_\lambda ab)v_1$$
$$+(-a_\lambda b^2+b(a^2+b^2)L+b_\lambda ab)v_2$$
$$+(a^2+b^2)(-aN+bM)\mu)(t,\lambda).$$

通过计算，我们有$(\widetilde{\gamma},\widetilde{v})$的曲率为$(\widetilde{m},\widetilde{n},\widetilde{L},\widetilde{M},\widetilde{N})$. □

命题 5.3.2　在与命题 5.3.1 的条件下，假设 $e:U\to I\times\Lambda$ 是(γ,v_1,v_2) 的前包络并且 $E_\gamma(u):U\to\mathbf{R}^3$ 是包络，那么 $e:U\to I\times\Lambda$ 是$(\widetilde{\gamma},\widetilde{v}):I\times\Lambda\to\Delta_2\subset S^2\times S^2$ 的前包络. 而且我们有 $E_\gamma(u)=\widetilde{E}_\gamma(U)$ 对于所有的 $u\in U$ 成立，这里 $E_{\widetilde{\gamma}}=\widetilde{\gamma}\circ e,\widetilde{E}_\gamma=E_\gamma/|E_\gamma|$.

证明　因为$(\gamma,v_1,v_2):I\times\Lambda\to\Delta_2$ 是单参数标架曲线族并且 $e:U\to I\times\Lambda$ 是(γ,v_1,v_2)的前包络，我们有

$$\gamma_\lambda(e(u))\cdot v_1(e(u))=0,\gamma_\lambda(e(u))\cdot v_2(e(u))=0$$

对于所有的 $u\in U$ 成立. 从而

$$\begin{aligned}&\widetilde{\gamma}(e(u))\cdot\widetilde{v}(e(u))\\&=\left(\frac{\gamma_\lambda|\gamma|-\gamma|\gamma|_\lambda}{|\gamma|^2}\cdot\frac{(bv_1-av_2)}{\sqrt{a^2+b^2}}\right)\circ e(u)\\&=\left(\frac{\gamma_\lambda\cdot(bv_1-av_2)}{|\gamma|\sqrt{a^2+b^2}}-\frac{|\gamma|_\lambda}{|\gamma|\sqrt{a^2+b^2}}\right)\widetilde{\gamma}\cdot(bv_1-av_2)\circ e(u)\\&=\left(\frac{\gamma_\lambda\cdot(bv_1-av_2)}{|\gamma|\sqrt{a^2+b^2}}\circ e(u)\right)=0.\end{aligned}$$

因此 $e:U\to I\times\Lambda$ 是$(\widetilde{\gamma},\widetilde{\gamma})$的前包络)并且

$$E_{\widetilde{\gamma}}(u)=\widetilde{\gamma}(e(u))=\widetilde{\gamma(e(u))}=\widetilde{E}_\gamma(u).$$

因此,我们有 $E_{\widetilde{\gamma}}(u)=\widetilde{E}_\gamma(u)$对于所有的 $u\in U$ 成立. □

反之,我们有下面的结果.

命题 5.3.3 设$(\gamma,v):I\times\Lambda\to\Delta_2\subset S^2\times S^2$ 是单参数球面勒让德曲线族,曲率为(m,n,L,M,N),那么$(\gamma,\gamma,v);I\to S^2\times\Delta_2\subset\mathbf{R}^3\times\Delta_2$ 是单参数标架曲线族,曲率为

$$(L,m,n,a,L,M,N,P,Q,R)=(0,m,n,m,L,M,N,0,L,M).$$

证明 因为$(\gamma,v):I\times\Lambda\to\Delta_2\subset S^2\times S^2$ 是单参数球面勒让德曲线族,我们有 $\gamma(t,\lambda)\cdot v(t,\lambda)=0$ 与 $\gamma_t(t,\lambda)\cdot v(t,\lambda)=0$. 因此,$(\gamma,\gamma,v);I\to\mathbf{S}^2\times\Delta_2\subset\mathbf{R}^3\times\Delta_2$ 是单参数标架曲线族. 通过计算,我们得到(γ,γ,v)的曲率. □

命题 5.3.4 在与命题 5.3.3 相同的条件下,假设 $e:U\to I\times\Lambda$ 是(γ,v)的前包络并且 $E_\gamma:U\to S^2$ 是包络,那么 $e:U\to I\times\Lambda$ 也是$(\gamma,\gamma,v):I\times\Lambda\to S^2\times\Delta_2\subset\mathbf{R}^3\times\Delta_2$ 的前包络并且 E_γ 也是(γ,γ,v)的包络.

证明 因为 $\gamma_\lambda(e(u))\cdot v(e(u))=0$ 对于所有的 $u\in U$ 成立. 从而 $e:U\to I\times\Lambda$ 是(γ,γ,v)的前包络. □

结　语

本书从切触几何和对偶的视角系统地研究了欧氏空间中勒让德曲线和标架曲线的的微分几何性质.

首先,我们把平面勒让德曲线的概念推广到了单位球面上,给出了球面勒让德曲线的概念,并且研究了球面勒让德曲线的局部微分几何性质.通过对球面勒让德曲线的渐缩线进行研究,我们找到了勒让德曲线与它的渐缩线奇点之间的关系.其次,我们研究了球面勒让德曲线族和标架曲线族的包络线,并且探讨了平行曲线、渐缩线的几何性质以及彼此之间的关系.最后,从曲线族本身和包络线的角度,我们给出了欧氏平面上单位切丛的勒让德曲线族、单位球丛上的球面勒让德曲线族以及标架空间曲线族之间的关系.

勒让德曲线和标架曲线是近几年新兴的研究课题,它们的很多性质还需要等待我们去研究发现.在以后的工作中,笔者将进一步从奇点理论角度和微分几何角度研究勒让德曲线和标架曲线的几何性质,探索这两种类型的曲线的波前在奇点处的奥妙.

参考文献

[1] ARNOLD V I,GUSEIN-ZADE S M,VARCHENKO A N. Singularities of diferentiable maps volI[M]. Birkhauser:Boston,1986.

[2] ARNOLD V I. Singularities of caustics and wave fronts[M]. kluwer:Dordrect,1990.

[3] ARNOLD V I. Topological properties of Legendre projections in contact geometry of wave fronts[J]. St. Petersburg Math J,1995,6:439-452.

[4] BARDEEN J M,CARTER B,HAWKING S W. The four laws of black hole mechanics[J]. Commun Math Phys,1973,31:161-170.

[5] BOYER C B,MERZBACH U C. A History of Mathematics[M]. John Wiley & Sons Press:Inc,New york,1968.

[6] BRUCE J W,GIBLIN P J. What is an envelope? [J]. Math Gaz,1981,65:186-192.

[7] BRUCE J W,GIBLIN P J,GIBSON C G. Caustics through the looking glass[J]. Math Intelligencer,1984,6:47-58.

[8] BRUCE J W. Envelopes and characteristics[J]. Math Proc Cambridge Philos Soc,1986,100(3):475-492.

[9] BRUCE J W. Generic geometry,transversality and projections[J]. J London Math Soc,1994,49(1):183-194.

[10] BRUCE J W, GIBLIN P J. Curves and singularities: a geometrical introduction to singu-larity theory[M]. Cambridge University Press: Cambridge, 1992.

[11] BRUCE J W, GIBLIN P J. Generic geometry[J]. Amer Math Monthly, 1983, 90: 529-545.

[12] BRUCE J W, GIBLIN P J, GIBSON C G. On caustics of plane curves[J]. Amer Math Monthly, 1981, 88(9): 651-667.

[13] BRUCE J W, GIBLIN P J, GIBSON C G. Symmetry sets[J]. Proc Roy Soc Edinburgh Sect A, 1985, 101(1-2): 163-186.

[14] BRUCE J W, GIBLIN P J, TARI F. Families of surfaces: focal sets, ridges and umbilics[J]. Math Proc Cambridge Philos Soc, 1999, 125: 243-268.

[15] Bruce J W. Lines, circles, focal and symmetry sets[J]. Math Proc Cambridge Philos Soc, 1995, 118(3): 411-436.

[16] BRUCE J W. On singularities, envelopes and elementary diferential geometry[J]. Math Proc Cambridge Philos Soc, 1981, 89(1): 43-48.

[17] BRUCE J W, TARI F. Dupin indicatrices and families of curve congruences[J]. Trans Amer Math Soc, 2005, 357: 267-285.

[18] BRUCE J W, TARI F. Extrema of principal curvature and symmetry[J]. Proc Edinb Math Soc, 1996, 39(2): 397-402.

[19] BRUCE J W. Wavefronts and parallels in Euclidean space[J]. Math Proc Cambridge Philos Soc, 1983, 93(2): 323-333.

[20] BISHOP R L. There is more than one way to frame a curve[J]. Amer Math Monthly, 1975, 82: 246-251.

[21] CAPITANIO G. On the envelope of 1-parameter families of curves tangent to a semicubic cusp [J]. C R Math Acad Sci Paris, 2002,335:249-254.

[22] CAIRNS G, SHARPE R, WEBB L. Conformal invafriants for curves and surfaces in three dimensional space forms[J]. Rocky Mountain J Math,1994,24:933-959.

[23] CHEN B. When does the position vector of a space curve always lie in its rectifying plane? [J]. Amer Math Monthly,2003,110: 147-152.

[24] CARNEIRO M J D. Singularities of envelopes of families of submanifolds in $\mathbf{R}^n$[J]. Ann. Sci. Ecole Norm. Sup. 1983,16:173-192.

[25] Chen L, TaKahashi M. Dualities and evolutes of fronts in hyperbolic and de Sitter space [J]. J Math Anal Appl, 2016, 437: 133-159.

[26] EI S, FUJII K, KUNIHIRO T. Renormalization-group method for reduction of evolution equations; invariant manifolds and envelopes[J]. Ann Physics,2000,280:236-298.

[27] EHLERS J, NEWMAN T. The theory of caustics and wave front singularities with physical applications[J]. J Math Physics,2000, 41:3344-3378.

[28] FUCHS D. Evolutes and involutes of frontals in the Euclidean plane[J]. Amer Math Monthly,2013,120:217-231.

[29] FUKUNAGA T, TAKAHASHI M. Evolutes of fronts in the Euclidean plane [J]. Journal of Singularities,2014,10:92-107.

[30] FUKUNAGA T, TAKAHASHI M. Existence and uniqueness for

Legendre curves [J]. J Geom, 2013, 104: 297-307.

[31] FUKUNAGA T, TAKAHASHI M. Evolutes and involutes of frontals in the Euclindean plane[J]. Demonstratio Mathematica, 2015, 48: 147-166.

[32] GIBSON C G. Elementary geometry of diferentiable curves[M]. An undergraduate introduction Cambridge University Press: cambridge, 2001.

[33] GRBOVIC M, NESOVIC E. Some relations between rectifying and normal curves in Minkowski 3-space [J]. Math Commun, 2012, 17: 655-664.

[34] GRAY A, ABBENA E, SALAMON S. Modern diferential geometry of curves and surfaces with Mathematica[M]. Third edition Studies in Advanced Mathematic Chapman and Hall/CRC Boca Raton FL, 2006.

[35] GUNGOR M, TOSUN M. Some characterizations of quaternionic rectifying curves[J]. DGDS Difer Geom Dyn Syst Monogr, 2011, 13: 89-100.

[36] HAWKING S W. Black holes in general relativity[J]. Commun Math Phys, 1972, 25: 152-166.

[37] HONDA S, TAKAHASHI M. Framed curves in the Euclidean space [J]. Advances in Geom-etry, 2016, 16: 265-276.

[38] HONDA S, TAKAHASHI M. Evolutes of framed immersions in the Euclidean space[J]. To appear in Proceedings of the Royal Society of Edinburgh Section A: Mathematics, 2018.

[39] IZUMIYA S. Singular solutionsofirst-order diferential equations

[J]. Bull London Math Soc,1994,26:69-74.

[40] IZUMIYA S. On Clairaut-type equations [J]. Publ Math Debrecen,1995,45:159-166.

[41] IZUMIYA S,PEI D,SANO T,et al. Evolutes of hyperbolic plane curves [J]. Acta Math Sin Engl. Ser,2004,20:543-550.

[42] IZUMIYA S,ROMERO-FUSTER M C,RUAS M A S,et al. Diferential Geometry from a Singularity Theory Viewpoint [M]. World Scientiic Pub:Co Inc. 2015.

[43] IZUMIYA S,PEI D,SANO T. Singularities of hyperbolic Gauss maps [J]. Proc London Math Soc,2003,86:485-512.

[44] IZUMIYA S,SAJI K,TAKAHASHI M. Horospherical flat surfaces in hyperbolic 3-space[J]. J Math Soc Japan,2010,62:789-849.

[45] ISHIKAWA G,JANECZKO S. Symplectic bifurcations of plane curves and isotropic liftings[J]. Q J Math,2003,54:73-102.

[46] ISHIKAWA G. Classifying singular Legendre curves by contactomorphisms [J]. J Geom Phys,2004,52:113-126.

[47] ISHIKAWA G. Zariski's moduli problem for plane branches and the classiication of Legen- drecurve singularities [J]. Real and complex singularities, World Sci Publ, Hackensack, NJ, 2007, 56-84.

[48] ISHIKAWA G. Generic bifurcations of framed curves in a space form and their envelopes [J]. Topology and its Applications, 2012,159:492-500.

[49] ISHIKAWA G. Singularities of Curves and Surfaces in Various Geometric Problems [M]. CAs Lecture Notes 10 Exact Sciences,

2015.

[50] KORZYNSKI M, LEWANDOWSKI J, PAWLOWSKI T. Mechanics of multidimensional isolated horizons[J]. Class Quant Grav,2005,22:2001-2016.

[51] KUNIHIRO T. A geometrical formulation of the renormalization group method for global analysis[J]. Progr Theoret Phys,1995,94:503-514.

[52] LOOIJENGA E. Structural stability of smooth families of C^{∞} functions [D]. Thesis,Uni-versiteit van Amsterdam,1974.

[53] LUCAS P,ORTEGA-YAGÜES J. Rectifying curves in the three-dimensional sphere[J]. J Math Anal Appl,2015,421:1855-1868.

[54] LI L, PEI D, TAKAHASHI M, et al. Envelopes of Legendre curves in the unit spherical bundle over the unit sphere[J]. The Quarterly Journal of Mathematics,DOI:10. 1093/qmath/hax056.

[55] LIU H. Curves in affine and semi-Euclidean spaces[J]. Results Math,2014,65:235-249.

[56] LUCAS P,ORTEGA-YAGÜES J. Bertrand curves in non-lat 3-dimensional (Riemannian or Lorentzian) space forms[J]. Bull Korean Math Soc,2013,50:1109-1126.

[57] MAHMUT A,SOLEY E,MURAT T. Beltrami-Meusnier formulas of generalized semi ruled surfaces in semi Euclidean space[J]. Kuwait J Sci,2014,41:65-83.

[58] MARTINET J. Singularities of Smooth Functions and Maps[J]. London Math Soc Lecture Note Ser,Cambridge University Press: Cambridge,1982.

[59] MORSE M. The critical points of a function of n variables [J]. Trans Amer Math Soc, 1931, 33: 72-91.

[60] NAGAI T. The Gauss map of hypersurface in Euclidean sphere and the spherical Leg-endrian duality [J]. Topology Appl, 2012, 159: 545-554.

[61] NESOVIC E, IIARSLAN K. Some characterizations of rectifying curves in the Euclidean spce $\mathbb{E}^4$ [J]. Turkish J Math, 2008, 32: 21-30.

[62] NISHIMURA T. Normal forms for singularities of pedal curves produced by non-singular dual curve germs in S^n [J]. Geom Dedicata, 2008, 133: 59-66.

[63] NISHIMURA T. Singularities of pedal curves produced by singular dual curve germs in S^n [J]. Demonstratio Math, 2010, 43: 447-459.

[64] PEI D. Singularities of horospherical hypersurfaces of curves in hyperbolic 4-space [J]. J Aust Math soc, 2011, 91: 89-101.

[65] PORTEOUS I R. The normal singularities of a submanifold [J]. J Dif Geom, 1971, 5: 543-564.

[66] PEI D, TAKAHASHI M, YU H. Envelopes of one-parameter families of framed curves in the Euclidean space. Priprent.

[67] PORTEOUS I R. Geometric diferentiation. For the intelligence of curves and surfaces [M]. Second edition Cambridge University Press: Cambridge, 2001.

[68] RUTTER J W. Geometry of Curves. Chapman & Hall/CRC Mathematics Chapman & Hall/CRC [M]. Boca Raton FL, 2000.

[69] ROMERO FUSTER M C. Stereographic projections and geomet-

ric singularities[J]. Mat Contemp,1997,12:167-182.

[70] SASAI T. Geometry of analytic space with singularities and regular singularities of diferential equations [J]. Ekvac,1987,30:283-303.

[71] SAJI K, UMEHARA M, YAMADA K. The geometry of fronts [J]. Ann Math,2009,169:491-529.

[72] SAJI K,UMEHARA M,YAMADA K. The duality between singular points and inlection points on wave fronts[J]. Osaka J Math,2010,47:591-607.

[73] SUN J,PEI D. Some new properties of null curves on 3-null cone and unit semi-Euclidean 3-spheres [J]. Nonlinear Sci Appl,2015, 8:275-284.

[74] SHIBA S,UMEHARA M. The behavior of curvature functions at cusps and inlection points[J]. Diferential Geom Appl, 2012, 30: 285-299.

[75] TAKAHASHI M. On completely integrable irst order ordinary diferential equations[J]. Proceedings of the Australian-Japanese Workshop on Real and Complex singularities,2007,388-418.

[76] TAKAHASHI M. Legendre curves in the unit spherical bundle over the unit sphere and evolutes[J]. Real and complex singularities. 2016,675:337-355.

[77] TAKAHASHI M. Envelopes of Legendre curves in the unit tangent bundle over the Euclidean plane [J]. Results in Math,2017, 71:1473-1489.

[78] THOM R. Sur la thorie des enveloppes [J]. Math pures Appl, 1962,41:177-192.

[79] URIBE-VARGAS R. On polar duality, Lagrange and Legendre singularities and stereo-graphic projection to quadrics[J]. Proc London Math Soc, 2003, 87:701-724.

[80] URIBE-VARGAS R. Rigid body motions and Arnol'd's theory of fronts on $S^2 \subset \mathbb{R}^3$[J]. Geom phys, 2003, 45:91-104.

[81] VINCENT M, JAMES I. Symmetries of cosmological Cauchy horizons[J]. Commun Math Phys, 1983, 89:387-413.

[82] WANG Y, PEI D, GAO R. Framed rectifying curves in 3-dimensional Euclidean space [J]. preprint.

[83] WASSERMANN G. Stability of Caustics [J]. Math Ann, 1975, 210:43-50.

[84] WHITNEY H. Classiication of the mappings of a 3-complex into a simply connected space[J]. Ann of Math, 1949, 50:270-284.

[85] WHITNEY H. On ideals of diferentiable functions [J]. Amer J Math, 1948, 70:635-658.

[86] WHITNEY H. On Singularities of mappings of Euclidean space Ⅰ: Mappings of the plane in the plane[J]. Ann of Math, 1955, 62:374-410.

[87] WHITNEY H. The singularities of a smooth *n*-manifold in ($2n-1$)-space[J]. Ann of Math, 1944, 45:247-293.

[88] YU H, PEI D, CUI X. Evolutes of fronts on Euclidean 2-sphere [J]. J Nonlinear Sci Appl, 2015, 8:678-686.

[89] ZAKALYUKIN V M. Reconstructions of fronts and caustics depending on a parameter and, versality of mappings [J]. Soviet Math, 1983, 27:2713-2735.

附　录

本书中使用的记号如下：

$\mathbf{R}^n$：n 维欧氏空间；

$T_1\mathbf{R}^2$：单位切丛；

S^1：2 维欧氏平面的单位圆；

S^2：2 维球面；

S^+：S^2 的上半球面；

T_1S^2：单位球丛；

Δ_n：$n(n-1)/2$ 维子流形；

(γ,v)：勒让德曲线，标架曲线；

γ_λ：平行曲线

$E_v(\gamma)$：正则曲线 γ 的渐缩线；

$\varepsilon_v(\gamma)$：勒让德曲线(γ,v)的渐缩线；

e：单参数曲线族的前包络；

E_γ：单参数曲线族的包络.